不是你升得不夠快
是你不懂職場江湖

躍升智才 著

八大領導關鍵　十二種實戰場景
破解你最常卡住的帶人盲點

升遷的關鍵
不在於你有多強，而在於你能讓多少人變強；
真正的領導，不是衝在最前面
而是帶著整隊往前走！

目 錄

序言
當升遷不再是個人競賽，而是團隊工程　　005

第一章
晉升前，先學會看人：識才眼光是升上去的起點　　009

第二章
不要用錯人：升上去的第一課，是用對人　　041

第三章
升遷後，不能只會做事：從自己好，到帶人好　　075

第四章
會說才會帶：主管的話說對了，人才願意跟　　105

第五章
讓人心甘情願跟你走：不是用逼的，是用做給他看　　135

第六章
帶隊一定會出錯：但主管要學會怎麼解局　　173

◇目錄

第七章
跟你一起成長：主管的高度決定團隊的速度　　　　209

第八章
升得穩，是因為你帶得住：從個人強到整隊強　　　　247

序言
當升遷不再是個人競賽，而是團隊工程

◎升上去之後，你會發現真正難的不是「自己做得好」，而是「讓別人做得來」

在職場上，我們從「把事情做對」開始，然後學著「做更多的事」，接著才會進入真正挑戰的階段：學會「帶人」。而這一本書，就是寫給那些已經走在這條路上，或即將進入這個階段的你。

你可能已經從專業工作者變成主管，或正準備接下一個團隊；你可能在領導的過程中經歷過失誤、挫折，甚至懷疑自己是否真的適合帶人。如果你有這些疑問，那恭喜你，因為這意味著你正在認真對待「領導」這件事。

我們常以為升遷只是技術升級，但實際上，它是一場角色身分的轉換。你不再是解決問題最快的那個人，而是要能讓團隊解決問題的那個人；你不再是完成任務的高手，而是要培養更多高手的「教練」。這一點，才是主管職涯真正的轉捩點。

◎領導力不是天賦，而是選擇與訓練的總和

過去我們對「主管」的想像，常被幾種刻板印象所綁架：威嚴要有、講話要狠、決策要快、數字要看。但事實是，那些讓團隊持續成長、氛圍穩定、人才留下來的主管，有一種更本質的能力 ── 懂得如何「讓人變強」。

這本書的每一章、每一節，都是圍繞著一個核心問題：身為主管，我怎麼做，才能讓我的團隊真正變好？

◇序言　當升遷不再是個人競賽，而是團隊工程

　　答案不會是神話般的領袖故事，也不是口號式的激勵話語，而是一系列扎實、日常、可實踐的思維與做法。你會看到什麼是「勇敢認錯的力量」、什麼是「流程裡的信任感」、如何「在錯誤中培養成長」、以及「怎麼讓學習成為組織習慣」。

　　書裡沒有華麗理論，只有實際場景與可落實的策略。它不是寫給企業家或 CEO，而是寫給那些每天要面對同事、要回信、要做簡報、要修正流程、要開檢討會的主管們。

◎每一個你願意調整的細節，都是組織正在長出韌性的起點

　　我們看過很多升上主管後迷失的人。他們原本在專業上無往不利，但一旦需要帶團隊、教他人、面對衝突，就感到壓力山大，甚至選擇退回原本熟悉的位置。

　　不是他們不夠努力，而是沒有人告訴他：「你不需要完美，但你要有肩膀。」

　　有肩膀的主管，是會接住錯誤、修補制度、說出實話、勇於試錯的那種人。他們知道，與其把每一個問題都壓在自己肩上，不如把能力與標準分出去，讓團隊一起承擔與升級。

　　而這本書，正是給那些願意扛下責任，但也希望學會放手與信任的主管。一個能夠帶出人來的主管，不只是自己會爬，而是能讓整個組織往上爬。

◎本書如何使用：從經驗到結構，從思維到實踐

　　全書以實務導向為主軸，內容由八章組成，每章有十二節，每節一個主題，搭配在地真實案例、心理學理論佐證、圖表對照與三項具體實踐方法。你可以從頭讀起，也可以依照你當前的挑戰點選主題閱讀。

舉例來說，如果你現在正面對一個新接手的團隊，你可以從第七章開始，了解如何建立學習機制與教練型對話；如果你正處在流程混亂的組織裡，那第六章能幫助你從制度與習慣開始整頓；如果你剛剛升遷，正想建立自己帶人的節奏，第八章會是你最好的起點。

◎給已經在路上的你：別怕慢，怕的是不改

我們知道，主管這個位置，很容易孤獨。你夾在上與下之間、夾在績效與情緒之間、夾在理想與現實之間。這本書不會教你如何當英雄，但它會陪你一起找方法。

方法從來不缺，但願意調整的心很難得。如果你已經願意改變，那就已經比過去的自己更強大。如果能帶動更多人一起變好，那你不只是在升遷，你正在讓你的組織成為更好的地方。

這是一本關於「讓人變強、讓組織變穩」的書。而你，會是這一切的起點。

──寫給每一位願意把責任當作影響力、把升遷當作修練的主管。

◇序言　當升遷不再是個人競賽，而是團隊工程

第一章
晉升前，先學會看人：
識才眼光是升上去的起點

◇第一章　晉升前，先學會看人：識才眼光是升上去的起點

第一節　表現好不一定適合當主管

升遷盲點：能做事 ≠ 能帶人

許多主管升遷時都會掉入一個常見的盲點：認為表現好的員工就一定適合當主管。這樣的想法聽起來理所當然，畢竟能把工作做得又快又好，表示他懂流程、扛責任、值得信賴。但實際上，主管的任務和個人表現者的角色，有著天壤之別。從「能做事」到「帶人做事」，中間隔著的是影響力、耐心、情緒穩定與培育心態。

在臺灣許多企業的晉升文化裡，常會根據業績、產出、專業技能來判斷一個人是否該被提拔。然而，這些指標頂多代表他是一位很會做事的專業人才，卻不一定能帶出一支穩定高效的團隊。從心理學角度來看，主管需要的特質偏向於高社會感知力（social awareness）、高團隊合作導向，並具備發展他人的動機。

圖表分析：表現者與領導者的能力落差

能力項目	表現優異員工（得分／10）	適任主管（得分／10）	能力傾向說明
執行效率	9	6	擅長快速處理任務，但主管需擴散而非親自執行
個人績效	10	7	重視自我成果，主管更需轉為團隊導向
專業技能	9	7	技術面強，主管需兼顧跨部門理解與策略整合

第一節　表現好不一定適合當主管

能力項目	表現優異員工（得分／10）	適任主管（得分／10）	能力傾向說明
溝通能力	6	9	須具備雙向溝通、協調及說服力
同理心	5	9	理解團隊情緒，處理人際關係是領導核心
合作引導力	4	9	是否能帶人完成目標而非單打獨鬥
面對壓力的穩定性	6	8	領導者需穩定情緒、處理多重壓力
幫助他人成長的意願	4	9	主動扶植部屬，而非鞏固自身地位

從表中可以看到，表現優異的員工在「執行效率」、「個人績效」、「專業技能」上得分高，但在「同理心」、「合作引導力」、「幫助他人成長的意願」等指標上，往往不足。這並非缺點，而是角色不同：他們更像特種部隊，目標明確、成果導向。但當升上主管職，若沒有相對應的帶人能力，就容易出現管理失衡：自己做事很強，卻無法教會團隊、無法信任下屬，最後又回到親力親為的輪迴。

案例解析：Netflix 與臺灣科技企業的晉升調整

讓我們以 Netflix 的早期管理制度為例。在公司初創時期，許多頂尖工程師都被視為潛力主管候選人。但創辦人里德・哈斯廷斯（Reed Hastings）很快就發現，這些「超級個體」升上主管後，不僅無法協調團隊，甚至會拉高團隊壓力，導致人員流動增加。

Netflix 隨後調整晉升機制，改為觀察員工是否具備以下三項特質才

◇第一章　晉升前，先學會看人：識才眼光是升上去的起點

考慮升遷：是否能清楚溝通期望？是否願意投入時間協助他人成長？是否在壓力情境中保持情緒穩定？這三項並非來自績效報表，而是來自團隊成員的回饋與橫向觀察。

再看臺灣的案例。某家知名科技製造企業曾將一位表現極優的資深工程師升為部門主管，結果不到半年，整組成員陸續提出離職。人資部門調查後發現，這位主管在技術層面幾乎完美，但習慣凡事自己做、不授權，也不喜歡聽不同意見。團隊士氣低落，人才流失嚴重。

後來企業改變晉升制度，在升遷前設立三個月「試帶小組」制度，觀察員工是否具備基礎的帶人能力與溝通習慣，才正式任命。

三個問題，幫助判斷誰適合當主管

其實要判斷一個人適不適合當主管，除了看他過去的表現，更應該問三個問題：

(1)他會不會主動培養別人？

(2)他面對壓力時是自己扛，還是懂得帶著團隊一起解？

(3)他願不願意把功勞讓給團隊，自己退居第二線？

這三個問題的答案，往往能揭示一個人是否已經準備好從「高手」進入「領導者」的角色。

小節總結：升上來之前，先問自己準備好放下了沒

在職場中，我們常說要「升得快」，但更重要的是「升得穩」。穩定的前提，是看對角色需求。表現好的人未必適合管理職，這不是對錯，而是分工。真正的晉升，不只是把自己往上推，而是拉起整個團隊的開始。

第二節　履歷漂亮，不代表會做事

表面光鮮，未必勝任工作

在臺灣職場中,「看履歷決定一個人」的現象依然普遍。企業主喜歡看到名校畢業、外商經驗、語言檢定,彷彿這些光鮮亮麗的條件就能保證工作表現。然而,實際進入組織後才發現,這些光環常常與真實表現脫節。

領導者要避免紙上判斷

一個人會寫履歷、會講自己,不代表他真的會做事。領導者若只靠書面資料判斷人,升上來後很容易發現團隊成員「看起來很強,其實無感」。這不只是誤用人才,更可能讓其他努力但低調的人心寒,甚至造成團隊內部的不公平感與不信任。

履歷是敘述,不是行為證明

履歷是一種濃縮版的人設敘述,而非工作真相。心理學家丹尼爾‧康納曼（Daniel Kahneman）曾指出,我們對人的初步評價常受到「代表性啟發式」影響,也就是一旦看到一個人某方面優秀（如名校畢業）,就會自動聯想他在其他方面也優秀（如抗壓、合作、領導）,這種錯覺非常危險。

◇第一章　晉升前，先學會看人：識才眼光是升上去的起點

實力觀察需要真實互動

領導者要小心的是：履歷只能幫你判斷他「會不會包裝」，卻無法告訴你他「怎麼做事」。一個人是否真的適合團隊，需從行為觀察、溝通過程、回應方式中去體驗。

案例：用人失準與用人得法的對比

讓我們來看一個案例：某新創電商公司曾錄取一位來自外商的高階營運人員，履歷上寫滿跨國協調經驗、五國語言能力與數位轉型成果。結果實際進團隊後卻發現，他在內部簡報中無法把資訊清楚交代，習慣用華麗語言包裝，但遇到問題時迴避責任，合作單位的反應也逐漸轉為排斥。幾個月後，公司只好將他轉調為專案顧問，不再擔任團隊主管。

反觀該公司內部有一位升上來的中階主管，學歷普通但口碑穩定，擅長溝通且負責任。雖然不會說多國語言，但能在跨部門會議中快速釐清問題，獲得上下游部門一致好評。這種對現場脈絡的理解與應對能力，是履歷上無法寫出的。

四個實問，幫助看穿包裝

我們也可以思考下列四個問題來避免「履歷判斷症」：

(1) 他描述經驗的方式，是說結果，還是說過程？
(2) 他在面對模擬任務時，能不能把抽象講法落實為行動？
(3) 他怎麼回應團隊挑戰？是否願意聽不同意見？
(4) 他對於不熟悉領域的反應，是防禦還是學習？

第二節　履歷漂亮，不代表會做事

會說不代表會做，要看得透也用得穩

真正能做事的人，不一定會把自己寫得多厲害；而會做簡報、會說漂亮話的人，不一定扛得起現場的複雜性。領導者要升遷、用人，不能只看「紙上英雄」，更要懂得識破「履歷幻覺」。

小節總結：選人之前，先看真本事還是假包裝

履歷不該是決定用人的答案，只是判斷的起點。升上主管之前，要先練習從對話中聽出實力，從行為中看出風格，從團隊互動中感受信任。這樣才不會選錯人，也才會有人願意一直跟著你走。

◇第一章　晉升前，先學會看人：識才眼光是升上去的起點

第三節　態度看得出未來潛力

潛力不是寫在履歷上，而是藏在態度裡

許多主管升遷時，喜歡選用眼前看起來最熟練的人，但忽略了「潛力」這件事，其實最早會在「態度」裡顯現。一個人的態度，指的是他面對困難是否主動、遇到新任務是否好奇、對錯誤是否願意承擔、對夥伴是否展現支持。這些表現雖然很日常，卻正是決定一個人未來能不能帶人、負責、晉升的起點。

能力可以訓練，態度需要選對人

根據組織行為學研究，專業技能雖然重要，但多數技能都能透過訓練、時間或制度學習。然而態度卻是一種「內在傾向」，換句話說，它是進入組織前就已經形成的價值觀組合。選擇一個態度積極、願意學習的人，比用一個技巧熟練但傲慢冷漠的人，對團隊發展的長期效果更好。

願意「多問一句」的人，通常進步快

一個新進員工如果常常主動問「這樣做有更好的方式嗎？」或「我可不可以幫你分擔這一塊？」這樣的語句看起來微不足道，實際上是在表達一種投入與參與的傾向。根據蓋洛普（Gallup）的全球人才調查，主動參與的員工其升遷速度與學習速度平均比被動型同仁快 1.5 倍以上。原因在於他們願意承擔、不怕學錯，有助於主管觀察其成長軌跡。

第三節　態度看得出未來潛力

案例：從服務櫃檯到行銷主管

以某連鎖健身品牌為例，曾有一名基層接待員工，在第一年內主動支援社群貼文企劃、學習簡單的影像剪輯，並主動向行銷主管提出健身主題發想建議。雖然當時她並非企劃部門人員，但主管觀察其參與度與主動反應，讓她在兩年內轉為行銷專員，第四年升任品牌行銷副理。

主管後來回憶：「她不是我們面試時最亮眼的，但卻是進團隊後最肯動腦、最願意做多一點的。這種人的態度，帶起團隊也會不一樣。」

三種態度，看得出潛力深淺

若領導者在觀察新人的態度，可以聚焦這三個面向：

- 面對未知的反應：是不安退縮，還是會問、有行動？
- 遇到挫折的態度：是怪環境、怪別人，還是會自省？
- 與他人互動的方式：是計較職責，還是願意多走一步？

這三項態度，並不需要完美表現，而是要能夠隨時間穩定展現。畢竟晉升不是比誰會表演，而是誰願意不斷調整、吸收與前進。

態度決定能不能帶人，而不只是能不能做事

在現代團隊管理中，越來越多主管開始看重「情緒成熟度」與「學習適應力」，這兩者與態度有極高關聯。能夠承擔壓力、能夠修正做法、能夠接受回饋，這些能力都來自於一個人的態度深層結構。升遷前，應先看他面對改變與他人時的狀態，而不是只看執行清單做得多好。

◇第一章　晉升前，先學會看人：識才眼光是升上去的起點

> 小節總結：態度對了，潛力自然跟著來

　　表現不代表潛力，但態度常常預告潛力。會不會當主管，不是看他現在做多快，而是看他能不能願意多走一點、多想一層、多扛一些。主管要帶得動人，就要先看得懂「態度這件小事」。

第四節　冷門人才也可能是主力部隊

被忽略的人選，往往潛藏實力

在升遷與用人決策中，主管們習慣性地把目光集中在那些最活躍、最有聲量、最外向的人才身上。這些人往往善於表現自己，擅長爭取機會。然而在一個團隊裡，真正能穩住陣腳、默默撐住核心流程的人，常常是那些不太搶風頭、風格低調的所謂「冷門人才」。

沒有高調，並不代表沒有貢獻

冷門人才常給人一種「存在感低」的錯覺，他們可能不太參與茶水間閒聊，不會主動發言搶鏡頭，也不習慣自我包裝。但他們對細節的要求、對專業的執著，以及對流程穩定的貢獻，往往是組織長期維持品質與信任的關鍵。

案例：資料庫工程師的意外重用

某家金融科技公司曾發生一段時間內產品系統不穩，經歷多次更新仍無法排除癥結點。直到有一次，一位平時幾乎不說話、內向但資深的資料庫工程師，默默提出一項早期設計缺陷的診斷建議，並寫出完整修正架構，解決了系統延宕問題。這位員工過去從未參與策略會議，也不常主動爭取升遷，卻在關鍵時刻發揮穩定軍心的實質貢獻。

後來公司高層才重新檢視人才盤點流程，加入同儕推薦與跨部門評價，避免只憑主管印象評分，確保那些「安靜但可靠」的人也有被看見的機會。

◇第一章　晉升前，先學會看人：識才眼光是升上去的起點

為什麼冷門人才值得重視？

根據麻省理工學院（MIT）人際動能實驗室的研究指出，團隊中互動頻率不高、但工作穩定可靠的成員，往往對組織績效具有深遠影響。這類成員在面對危機或人手缺口時，通常願意主動補位、維持流程運作，展現出高度的責任感與可靠度，是支撐團隊穩定的重要力量。

三個方法，幫助你發現被低估的人

（1）看誰在關鍵時刻站出來：不是平常最吵的，而是最關鍵時有辦法解套的。

（2）問團隊願意跟誰共事：問一句「你願意下次還跟誰同組？」會比績效表更真實。

（3）從交付品質與穩定性看貢獻：持續穩定做好事的人，比偶爾爆發一次更值得信任。

領導者的責任，是看見沉默的貢獻

升遷與表現常被誤認為是舞臺表現的比賽，但真正有格局的主管，懂得去看那些不喧嘩但一直都在扛事情的人。不是每個人都會自我推薦，也不是每個人都適合高調，但只要他們撐得住關鍵流程，那就值得信任、值得栽培。

小節總結：別讓團隊的隱形支柱被你忽略

　　冷門不是沒能力，是不吵不搶；沉默不是沒意見，是先做再說。升上主管前，要練習辨識那些「沒說出口的價值」。真正穩的團隊，不靠炫技，而靠那些默默穩住基本盤的人。

◇第一章　晉升前，先學會看人：識才眼光是升上去的起點

第五節　從互動細節看得出合作習慣

合作不是喊口號，是日常習慣的累積

很多主管在面談或用人時，會問應徵者「你覺得自己擅長團隊合作嗎？」幾乎每個人都會說「我很會團隊合作」，但真正要觀察一個人是不是合作型人才，不能靠一句回答。合作不是口號，是在每個日常互動中養成的習慣。說得好，不如看得見。

從小動作看大模式

合作習慣不只展現在大專案，而是藏在會議中的提問、接收訊息的態度、面對他人意見的反應。例如：會不會打斷人、會不會簡單回應「好」卻沒有後續、能不能清楚交接，這些小動作都在傳遞他的團隊默契水準。願不願意針對團隊需求多說一句、少一句，也代表他怎麼看待他人工作節奏。

案例：跨部門企劃失敗背後的默契差

某大型連鎖通路曾推動跨部門節慶行銷企劃，初期會議中各單位皆表態配合，但實際執行時卻發現每個單位對「交件格式」、「時程責任」理解不一，導致主視覺版本頻繁修改、供應流程混亂。後來檢討發現，問題不在技術，而是會議中缺乏雙向確認習慣，也沒有人習慣主動補位，導致訊息誤解與責任推諉。

主管後來特別導入「會議確認制」與「主動交接日誌」，並開始觀察

第五節　從互動細節看得出合作習慣◇

誰在溝通中會主動查漏補缺，誰總是需要被提醒，進而調整人力配置。最終找到一批真正具備合作力的幕後主力，重整企劃流程後執行順暢許多。

合作力是升遷必要條件

現代職場中，沒有人可以單打獨鬥完成複雜任務。升遷者如果缺乏合作力，通常會出現以下狀況：只顧自己進度、不願意協調彼此步調、資訊不透明、缺乏共識維護。這些會讓團隊越來越依賴你，卻不願追隨你。主管不是要做到最多的人，而是讓最多人願意一起做。

三種互動訊號，看懂誰有合作習慣

（1）有沒有習慣說出感謝與認同：願意給人空間的人，才懂得共好。

（2）在別人有困難時，會不會問「要幫忙嗎」：不是每次都幫，但要有意願出手。

（3）能不能釐清責任歸屬後還願意補位：分內與分外之間，有沒有餘裕感。

合作力無法演出，只能累積

真正的合作力，是從每一次「明明可以只顧自己」卻選擇「一起把事情完成」的選擇中累積出來的。這種習慣不是一次專案看得出來，而是從日常互動、資訊交換、態度回應中被看見。主管升遷時，應該多觀察這些細節，因為這些細節，才決定一個人能不能帶人、撐得住團隊。

◇第一章　晉升前，先學會看人：識才眼光是升上去的起點

小節總結：你怎麼互動，就會帶出怎樣的團隊

　　合作力強的人，不是說得多，而是做得自然。他們在互動中讓人感到順暢安心，長期下來會被信任、被倚重。當主管不只是能力要強，更要能引動一群人一起向前。從日常互動中看出誰能撐場面，才能把升遷的位子給對人。

第六節　不合你胃口的人，可能正好補位

領導者的偏好，常是選才最大的陷阱

每位主管都有自己偏好的風格，有些人喜歡安靜穩重的，有些人偏好外向主動的；有人欣賞直來直往的個性，也有人重視細膩與謹慎。但領導者在選人時，如果只憑個人喜好來判斷誰適合留下、誰該被提拔，很容易陷入一種「只選合拍的人，而不是互補的人」的偏誤。

不投緣，不代表不能合作

有時候，那些跟你風格完全不同、讓你感覺不舒服，甚至讓你有點反感的人，反而可能是團隊中最需要的人。因為他看見的角度、習慣的處理方式、關注的細節，剛好補足你忽略的那一塊。領導的本質不是尋找認同，而是建立多元觀點之下的穩定平衡。

案例：內控專員與業務主管的衝突式合作

某 B2B 設備公司曾經讓一位極具行動力的業務主管與一位嚴謹細膩的內控主管共同主導新通路拓展計畫。兩人性格完全不同，前者快狠準、後者慢而細，合作初期經常爭執，甚至衝突公開化。但在幾次外部提案與風險會議後，發現兩人的強項剛好互補：業務主管能推進外部關係，內控主管能補足資料缺口與法規遵循。最終該計畫準時上線，且風險低於預期，成為內部跨部門合作標竿。

事後高階主管坦言：「一開始我也不確定這兩人能不能合作，但他們誰也不像誰，才剛好湊成了完整的拼圖。」

◇第一章　晉升前，先學會看人：識才眼光是升上去的起點

領導者要懂得擴大容忍範圍

許多團隊失敗不是因為沒有人才，而是主管只願意用跟自己相像的人。這會導致組織內風格單一、創新力不足、角色重疊。領導者必須練習欣賞那些「不舒服的對話」，從衝突中學會尊重差異，也在磨合中找到共通語言。

三個自我提問，幫助你辨識關鍵互補者

(1) 這個人是否讓我不自在，卻總能看出我沒看到的風險？

(2) 他的處事方式我不認同，但成果是否經得起考驗？

(3) 團隊成員是否因他而有新的觀點與對話出現？

這些不那麼「投你所好」的人，可能正好幫你補強盲點。重點不在你喜不喜歡他，而在他能不能帶來你做不到的事。

帶人不是交朋友，而是建一支能補位的隊伍

管理不是經營交情，而是組出一支能互相補強、互相提醒的隊伍。當主管只選合拍的夥伴，很容易形成迴聲室效應，看不到風險，也無法激盪創新。真正成熟的領導者，應該能容納多元聲音，並用制度設計化解個人差異。

小節總結：喜不喜歡是一回事，能不能互補才是關鍵

升上主管後，用人標準不能只看合不合個人風格，而要問：這個人是否剛好補上我缺的那一塊？看不順眼不代表沒能力，感覺對了也不一定合用。升遷前，先看清楚自己願不願意被補位，才決定你能不能補對人。

第七節　願意學，比聰明重要

天賦再高，不學也站不久

職場中，我們常遇到那種「反應快、想法多、做事俐落」的員工，看起來非常聰明、上手很快。然而當主管在選擇升遷對象時，如果只看「聰明」這一指標，往往會忽略長期走得穩的真正關鍵 —— 學習力。天賦可以讓人跑在前面，但只有持續學習，才走得長遠。

樂於學習的人，比你想像的更可靠

所謂「願意學」不只是願意參加課程，更是願意接受回饋、面對挑戰、修正錯誤、更新做法。根據 Google 的「氧氣管理計畫 (Project Oxygen)」研究，在評估高效主管特質時，持續學習與自我調整被視為關鍵因素之一，與專業能力同樣重要。原因很簡單：組織的變動速度比人腦還快，唯有能快速轉換思維、更新知識的人，才能帶得動團隊一起進化。

案例：從不懂產品到成為產品經理

某新創平臺公司曾有一位原為客服人員的中階職員，因為主動學習產品邏輯與客戶需求點，不僅自學 SQL 查詢資料，還利用下班時間分析客戶投訴類型，提出多項改善建議。起初主管只是讓她旁聽開發會議，三個月後，她提出的客戶分群報告獲得總部採納，並被內部轉任產品經理，半年後升任產品小組主管。她原本學歷與技術背景都不亮眼，但「每天都想學點什麼」的態度，成為她跨越職涯門檻的最大本錢。

◇第一章　晉升前，先學會看人：識才眼光是升上去的起點

為什麼願意學，比聰明更有價值？

聰明是一種條件，學習是一種選擇。主管要升一個人，選的是「能成長的人」，不是「已經覺得自己很厲害的人」。聰明的人如果缺乏謙遜與反思，容易忽略他人聲音，也不容易聽得進提醒，這種人即使初期很強，長期卻可能造成團隊氣氛緊張。相對地，願意學的人會不斷調整步伐、問問題、修正流程，更容易帶出一個可以一起學習的團隊文化。

三種學習習慣，幫你看出誰能走得久

(1)願意問為什麼，而不是只說我懂了：代表他在吸收，不只是附和。

(2)願意試錯，也願意修正：敢承認錯，才有成長機會。

(3)把學到的東西主動分享給同事：代表他不只為自己學，而是想讓團隊變好。

升遷的路，需要能持續進化的人

當環境變化劇烈，主管的角色不是提供所有答案，而是培養出一群會找答案的夥伴。如果你的團隊裡有人每天都在吸收、連小錯都會記下來修正，那就表示你有一位值得投資、值得升任的好對象。

小節總結：找會學的人，而不是最會說的人

願意學的人，會越來越強；只想表現的人，可能原地踏步。當主管不要被一時的機靈與口才蒙蔽，要看一個人能不能每天前進一點點。升遷的位子要給有成長曲線的人，因為他不只會變強，也會帶著整隊一起前進。

第八節　團隊需要搭配，不是每個人都要一樣

不要只找跟你一樣的人

許多主管在選人或組隊時，習慣挑選「和自己合得來的人」。這些人講話風格一致、思維方式接近、價值觀相近，合作起來感覺很順。但太過順暢的團隊，往往也隱藏著看不到的風險。因為相似的人會看同一個方向、注意同一類問題，容易形成視野死角。

組隊要有互補，不是複製

真正穩定又具創造力的團隊，不是成員彼此相像，而是彼此能互補。就像籃球隊需要控球後衛、得分手與防守者，每個人專長不同，角色明確。領導者要看的不是誰「看起來合得來」，而是誰「能夠補上別人的不足」。如果團隊裡全是創意型人才，卻沒有人收尾；或者全部都追求完美，沒有人敢快速出手，結果就會卡在中間不上不下。

案例：多元背景創造產品創新

某保健食品電商平臺曾嘗試將客服、行銷與研發團隊共同整併成「產品改進小組」。初期內部質疑聲音很多，因為三個部門的語言、節奏完全不同。但實際運作三個月後，透過定期共創會議，客服提供客戶需求點、行銷分析市場動態、研發提供配方可行性，產出兩項熱銷產品，大幅提升轉換率與客訴滿意度。這證明只有多樣化的思考交錯，才能催生出真正有價值的創新。

◇第一章　晉升前，先學會看人：識才眼光是升上去的起點

一樣的人容易認同，不一樣的人才能對話

當一個團隊成員太相像，彼此就會過度認同，不容易產生對話與挑戰。長期下來會讓組織陷入「我們一直都這樣做」的慣性，少了打破盲點與重新設計的動能。主管應該鼓勵團隊在彼此尊重前提下，維持適當張力與觀點差異，這樣的團隊比較不容易在困境中自我設限。

三個方向，幫助你組出互補型團隊

(1) 找觀點不同但願意溝通的人：衝突不可怕，怕的是沉默。

(2) 盤點風格落差是否能形成角色分工：不是分裂，而是合作。

(3) 建立明確任務分配機制，讓差異成為力量：清楚誰做什麼，比大家都做一樣重要。

領導者的格局，是讓不同的人能一起完成目標

偉大的團隊不在於每個人一樣，而在於每個人知道自己的角色。真正能帶得穩的主管，不是把大家變成自己，而是讓每個人都能做自己最擅長的那件事，然後和其他人組成一個有默契又能互補的整體。

小節總結：穩定團隊的關鍵，是搭配而不是統一

一樣不會比較快，不一樣也不代表難帶。升上主管之前，要學會辨識誰能補誰、誰該搭誰，而不是只問「他跟我合不合」。真正會用人的人，看的是搭起來之後整體能不能更好。

第九節　面試說得好，不代表做得好

好說不如好做

每位主管都有面試過「超會講」、但上班後卻讓人失望的員工。他們在面談時對答如流、包裝流暢、經歷豐富，彷彿理想人選；但一到現場，發現他們不只難以落實，更容易規避責任，甚至缺乏基本的團隊紀律。這提醒我們一件事：會講不等於會做，面試表現與實際表現之間常有巨大落差。

面試本身就是一場表演舞臺

社會學家厄文‧高夫曼（Erving Goffman）曾指出，人際互動像一場舞臺表演，特別是在高度角色化的情境中更為明顯。面試就是最典型的「表演性場域」：應徵者會準備臺詞、模擬回應、甚至練習肢體語言，只為展現自己最好的一面。這無可厚非，但身為主管，不能只看這一場秀，而要思考：他是否能夠把這些說法，真正落實在現場？

案例：說自己抗壓強，實際遇事就閃

某設計顧問公司曾錄取一位資歷完整的專案管理者，面試時他強調自己「習慣高壓、多工能力強」，並舉出多個外商經驗佐證。但進公司不到三週，便因為案量變動與客戶回饋壓力而頻頻請假，甚至出現情緒性離職提議。主管追查後發現，這位員工過去的專案其實有支援團隊包辦細節，自己只是負責對外簡報。

這個案例突顯：若只聽面試內容而不加驗證，很容易選錯人、害了團隊。

◇第一章　晉升前，先學會看人：識才眼光是升上去的起點

如何讓面試更貼近真實表現？

一場面試要看出真實力，不能只靠問答。建議主管可採用「行為面試法（Behavioral Interview）」與「情境模擬任務（Situational Task）」兩種方式。例如：

- 請對方描述一個曾經搞砸的任務，怎麼處理收尾？
- 提出一段模擬情境，讓對方當場寫下處理邏輯或決策順序。
- 問他怎麼與不合作的同事協調，並請具體舉例而非抽象描述。

這些方式比「你覺得自己抗壓性高嗎？」這類問題，更能篩出實作力與人際彈性。

三種語言訊號，幫助你辨識言過其實者

（1）只講成果不談過程：可能只是搭了別人便車。

（2）過度強調個人能力，卻未提團隊角色：小心是否不懂合作。

（3）面對模擬挑戰時語焉不詳或轉移話題：代表處理力不足或過度包裝。

面試看得精，才能選得準

選人如選隊友，不只是挑臺風穩健的，更是挑真能做事的。主管必須建立一套能讓表現真實露出的制度，而非憑直覺與表象決策。真正能升上來、站得住的人，不怕被問細節，也不怕被試真功夫。

小節總結：說得動聽不如做得踏實

面試是一場選才預演，但不是演得好就代表能上場。主管要記得：選人不是挑講得最好的人，而是選那個能把話做出來、把責任扛起來的人。

◇第一章　晉升前，先學會看人：識才眼光是升上去的起點

第十節　憑感覺選人，容易出大事

喜好不是準則，感覺不是標準

很多主管選人靠的不是制度，而是「感覺」。覺得這個人跟我投緣、看起來順眼、聊天有火花，就自然傾向錄取或提拔。但「感覺對了」常常只是錯誤判斷的開端。人的感覺會受情緒、經驗、甚至對方長相影響，而這些因素跟他能不能做好工作，沒有直接關係。

直覺決策容易出現認知偏誤

心理學家丹尼爾‧康納曼（Daniel Kahneman）曾提出：「快速思考系統」容易受啟發式偏誤影響，例如「可得性偏誤」（以容易記得的資訊做判斷）、或「代表性偏誤」（把某些特質套用到整體）。這代表我們在第一印象中，就很容易高估一個人的能力或低估某人的潛力，只因為他講話有自信、長得像以前的好員工，或跟我們同一所學校畢業。

案例：感覺對了卻帶錯人

某文創品牌曾提拔一位資深設計，主因是主管長期與其私交良好，且認為其風格最「合自己口味」。但當他升任設計主管後，卻因缺乏溝通與協調經驗，導致與其他部門頻繁摩擦，造成多項提案中斷，團隊氣氛惡化。主管後來坦承：「我只看熟悉感，沒看他有沒有帶團隊的能力。」

建立機制,降低感覺干擾

用人不能只靠「我覺得」,應該建立明確觀察機制。以下三項方式能幫助你降低主觀干擾:

(1)交叉面談:安排他與不同部門成員對談,蒐集多方觀察意見。

(2)結構化評分表:針對溝通、執行、學習力、團隊互動等列出觀察點,減少印象操控。

(3)用時間觀察,而不是短時間決定:設立試用觀察期或小組合作任務,讓他在實際互動中被看見。

感覺可作參考,不可作決定依據

主管的直覺有時可以幫助初步篩選,但不能作為決策的全部。感覺只是起點,真正的用人應靠制度、觀察與評估。越高階的主管越要有「抗情緒決策」的能力,否則一旦選錯人,損失的就不只是一個職位,而是整個團隊的穩定與信任。

小節總結:選人不能靠眼緣,得靠眼力

喜歡不等於適任,順眼不等於勝任。感覺是一時的,能力是長期的。主管要從「看得順」進化到「看得準」,才能升得穩、用得對,帶出一支真正有戰力的團隊。

◇第一章　晉升前，先學會看人：識才眼光是升上去的起點

第十一節　看人準，升得穩

選對人，是主管最重要的能力

升遷後的主管，會發現自己的時間與資源越來越有限，無法事事親力親為。此時，能不能挑對人、用對人，決定了你能不能把事做成、把人帶起來。看人準，不只是人才發展的起點，更是你能不能站穩位置的關鍵。

許多主管在剛升任時，仍帶著「我自己做最快」的思維，習慣親力親為、事事插手。但真正能走得穩的主管，會把時間投資在「看人」這件事上。因為一旦選對了人，就像布好棋局，後面只要下對幾步，就能讓整局穩定推進。

能力不只看當下，更要看潛力

主管選人，不能只看眼前能做什麼，更要看這個人未來能不能成長。會主動學習、能接受回饋、願意為團隊多想一步的人，即使現在能力不突出，未來的發展性會比只會完成任務的人更有價值。很多看似平凡的員工，只因被對的人看見、放對位置，就能成為關鍵人才。

潛力有時候不是寫在履歷上，也不是表現在會議裡，而是藏在日常細節中。例如一個總會在會議後補充資訊的同仁，一位願意幫忙收尾別人專案的工程師，或一個會在下班後主動學習新工具的業務，這些人也許平常不出聲，但其實正在默默成長。

第十一節 看人準，升得穩

案例：願意觀察的人，更容易帶出人

某家軟體外包公司有位專案經理，升任初期並未急著更動團隊成員，而是花兩個月時間觀察每位夥伴的工作節奏、互動方式與處事態度。他發現一位平常少說話的工程師，總能默默處理其他人收尾不了的技術難題，並且習慣在內部討論後補充更完整的方案建議。他並未立刻提拔，而是逐步讓這位工程師參與技術規劃與客戶溝通任務。一年後，該員工晉升為技術主管，團隊流動率也明顯降低。

這個例子說明，升遷穩不穩，關鍵是你是否能把團隊真正看懂、用對，讓組織自己會動，而不是永遠靠你推著走。許多主管在初期會急於重整團隊、證明自己能力，但若能先觀察後調整，更容易找到真正的戰力。

看人準的管理者，會創造發展節奏

懂得看人的主管，不只是在找「即戰力」，而是在規劃「發展節奏」。他會知道哪些人可以即刻上陣、哪些人要給一段培養期，也會知道誰需要更多信任與磨合，誰可以快速承接任務。

這種節奏感，來自對人的敏感度，也來自對整體團隊配置的掌握。比起把所有人拉上戰場，更重要的是知道誰適合在哪個位置、用什麼方式發揮。這就是從「做事者」轉向「帶人者」的關鍵過渡。

三項看人指標，讓你升得穩不踩雷

1. 態度是否穩定

情緒起伏大的人，難以承接核心任務。觀察他在壓力下的表現是否平穩，在變動中是否仍能冷靜處理。

◇第一章　晉升前，先學會看人：識才眼光是升上去的起點

2. 責任感是否具體可觀察

不是說自己負責，而是有沒有真正在做、能不能扛後果。例如能不能主動承擔錯誤、願意把團隊成果留給其他人。

3. 能不能讓團隊更順

升遷不是讓自己更強，而是讓整個團隊更強。看看其他人是否願意與他合作、他是否能協調出順暢的工作節奏。

升得快是能力，升得穩是格局

升得快的人，通常是會表現、有幹勁；但升得穩的人，是看得遠、帶得動、擺得對人。主管的高度，來自能不能建立一個自己不在現場也會自動運作的團隊。看人準，是這一切的第一步。這不只是識人，更是布局與信任的展現。

當你身邊的每一位夥伴都能在你不在時持續發揮、解決問題、帶動他人，那麼你不只是升了職位，更是升了一層視野。這種升，不是靠運氣，而是靠你日常不斷練習看人、用人的功力累積出來的。

小節總結：穩，不是自己強，是團隊會動

升遷不是個人得分，而是讓更多人因你而變好。你能不能升得穩，取決於你能不能看對人、用對人、信對人。真正的領導力，是眼光，而不是肩章。選對人是一種管理實力，更是一種職場成熟度的證明。當你看得準、配得好，升得穩就不是難事，而是必然。

第十二節　還沒升前，先學會選人這件事

沒有頭銜，也可以先練習帶人思維

很多人以為要等到升了主管，才開始學習怎麼帶人。但事實上，真正會升上去的人，往往早在還沒有職稱之前，就已經默默在培養「選人」與「用人」的能力。因為領導不是從職位開始的，而是從思維開始的。

你可以還沒升遷，就開始觀察團隊中誰是穩定執行者、誰是潛在的支援者、誰在關鍵時刻會出手補位。也可以在負責小型專案時，練習把對的人放在對的位置、試著安排任務順序與搭配。這些過程，就是管理思維的起點。

會看人，是升遷的隱性門檻

在升遷評估中，除了看你「做了什麼」，也會看你「怎麼讓別人做得更好」。如果你只是把自己的工作做得漂亮，但沒有建立團隊合作的經驗，決策者可能會質疑你是否具備管理潛力。相反地，若你在日常中已經展現出選人、搭配與合作的判斷力，即使沒頭銜，也會被看見。

案例：助理的選人力讓她提前升任主管

某家大型活動企劃公司，一位資深專案助理，原本僅負責流程整理與執行支援。但她在每次跨部門活動中，主動盤點團隊分工、人員性格差異與強項，並提供主管建議哪些人適合主導哪些環節、誰之間最好避免搭配。幾次下來，主管逐漸把小組安排與合作指派權交給她。不到兩年，她

◇第一章　晉升前，先學會看人：識才眼光是升上去的起點

便由原本的支援角色升任部門副理，成為公司最年輕的主管之一。

主管後來表示：「她讓我少做很多判斷，因為她比誰都早看出誰該放在哪裡。」這種看人力，就是沒頭銜時就能展現的領導潛能。

三個提問，幫你練習選人力

（1）這個人做事的節奏與哪種工作性質最搭？

（2）他的情緒反應適合面對什麼樣的客戶或專案？

（3）把他和哪一種風格的人搭配會互補？會衝突？

這些問題沒有標準答案，但越常練習問，就越能在工作中培養觀察敏銳度。這不只是幫主管分憂，更是在替自己建立升遷的籌碼。

主管不是頭銜，而是一種行為習慣

有些人即使升了主管，還是只顧自己進度；但也有些人即使沒職稱，早已在默默帶動別人。選人這件事，看起來像是領導的技術，其實是心態的展現。當你開始主動為整體搭配思考，而不是只看個人產出，你就已經在預備升任下一個職級。

小節總結：沒職位，也可以先選對人

升遷不是等來的，是從還沒升前的準備累積而來。懂得看人、願意分配、能夠搭配，是讓你升得順的起跑線。別等頭銜才當主管，現在就能練習像主管。

第二章
不要用錯人：
升上去的第一課，是用對人

◇第二章　不要用錯人：升上去的第一課，是用對人

第一節
用人不是只看能力，要看願不願意扛

能力強，不等於願意負責

　　當主管開始有用人決策權時，第一個直覺往往是「找最會做事的那個」。但一個人的能力強，並不代表他願意扛責任。很多人在技術執行或業務推進上非常突出，但一旦面對突發問題、團隊失誤、跨部門摩擦，就會選擇退縮或切割。真正能被託付任務的，不是能力最強的，而是願意承擔責任的人。

責任感是一種選擇，不是技能

　　責任感不同於能力，它不是你會不會完成工作，而是你願不願意站出來、補上缺口、接住風險。能力可以靠學習與訓練慢慢增強，但責任感則是一種態度與價值選擇。當主管只用能力評斷用人，很容易把工作交給效率高、結果快的人，卻發現出了事沒人扛、失誤沒人補。

案例：最強業務，但推不動團隊

　　某連鎖服務業曾提拔一位業績最頂尖的業務專員為業務主管。該員工在單兵作戰時表現出色，業績年年第一。但升任主管後，開始出現問題。他對團隊狀況冷感、不願幫助表現落後者，甚至在部門出現客訴風波時，選擇與高層撇清關係。主管後來發現，他只願意為自己的指標努力，並不想為整體團隊承擔責任。最終，公司將其降回個人業務職務，

改由一位原本表現中等、但經常主動協助他人、能穩住團隊士氣的員工接任主管職務。

這個案例說明了一個常見錯誤：只看能力，不看態度；只看指標，不看承擔。

願意承擔責任的人，才有管理潛力

願意承擔責任的人有一個特徵：他不會只在「該他負責的時候」出現，而是在「沒人出聲的時候」出現。他們不一定技術最頂尖，但往往是專案失控時會站出來的人，是團隊混亂時仍能協調節奏的人。這類人升上主管位，才有可能真正形成穩定帶動力。

三項觀察，辨識一個人有沒有擔當

（1）出事時的反應是遮掩還是承擔？
（2）是否曾主動補上與自己無關的工作？
（3）遇到模糊決策時，願不願意站出來表態與協調？

願意承擔責任的人，不是喊口號說「我來」，而是默默把該做的做完，把沒人想做的接起來。

升上主管不是給光環，是給壓力測試

升遷是一種信任的放大，也是壓力的加倍。如果升錯人，把主管位置交給只看指標、不想承擔責任的人，最後反而會讓其他願意承擔的團隊成員感到失望，甚至流失。相反，若一開始就培養與任用那些願意補

◇第二章　不要用錯人：升上去的第一課，是用對人

位、能夠抗壓的員工，即使初期結果未必最亮眼，長期來看，團隊的凝聚力與承擔力才會穩定成長。

> 小節總結：選人先看願意站出來的人

　　能力是最低門檻，願意扛才是主管潛力的核心。選人不是看誰跑得快，而是看誰會在風大時站得住。升上主管的第一課，不是抓對指標，而是看得出誰能撐場。

第二節　有潛力的人，可能不會主動出頭

不是每個人才都會自我行銷

許多主管在選人時，容易被那些積極發言、搶得資源、勇於爭取的人吸引，誤以為「會出頭」就等於「有潛力」。但實際上，許多具有深厚實力與發展性的員工，可能因為性格低調、文化背景、甚至過去被否定的經驗，而選擇不主動出頭。這些人常被忽略，但往往是組織中最值得培養的種子。

潛力藏在穩定與思考裡

潛力不總是以外放的形式呈現。有些人不太說話，卻會在任務後反覆修正、自己找資料補強；有些人不搶鏡頭，卻總是在團隊壓力高時默默接下關鍵工作。這些人擁有的，是「自我成長內驅力」與「系統性思考能力」，這兩項正是未來領導者不可或缺的潛能。

案例：沉默工程師的翻身與信任

某智慧製造公司內部曾有一名資深工程師，因為不擅社交、語速慢、不擅簡報，長期被部門視為技術型邊緣人。但有一次設備更新出現故障，當所有人都陷入恐慌時，他默默提出完整備援機制圖，並在 48 小時內協助團隊重新部署核心機臺。這次事件讓主管重新審視過去的印象，開始讓他參與跨部門流程優化工作，半年後更擔任部門內訓講師，成功由「不會講」轉化為「能貢獻」。

◇第二章　不要用錯人：升上去的第一課，是用對人

事後主管表示：「如果我只看誰講話大聲，就永遠找不到這種勇於承擔的人。」這句話點出一個真相：有潛力的人，不一定會說自己有潛力。

三個方法，幫助你發現潛力但不出頭的人

（1）觀察任務後誰會主動精進流程、提出改善意見：即使沒說出口，改進的動作就是潛力的證明。

（2）在小型任務中測試其主動應變與學習回饋能力：看他是否願意從回饋中優化行為與產出。

（3）詢問他人是否在壓力時願意與其共事：潛力型人才不見得會出風頭，但常被同事信賴。

這些方式可以幫助主管建立不同於表現型人才的識人雷達。

領導者的眼光，是能看見沉默裡的價值

當一個人缺乏自信或不習慣爭取時，他不會主動要求表現機會。但若領導者能主動創造空間、給予舞臺、設計適合的挑戰情境，許多潛力型人才都能被點燃並轉化為穩定的核心成員。真正有遠見的主管，不是等待人才浮出來，而是主動把他們拉進場上。

小節總結：看不見的聲音，才需要你放大

會出頭的，不一定走得遠；不出聲的，未必沒能力。當主管要記得：潛力不是喊出來的，是觀察出來的。真正會帶人，是讓潛力型人才有舞臺、有空間、有節奏，慢慢變成團隊的力量。

第三節　找工作是雙向選擇，不是你挑他而已

招人不只是篩選，是互相吸引

　　許多主管在招募時，仍停留在「你來求職，我來審核」的單向思維。這種「面試是我來挑你」的模式，容易忽略當代職場早已轉變為「雙向選擇」。現在的人才不僅挑公司、挑主管，還挑文化、挑發展路線。你以為你在挑他，其實他也正在觀察你值不值得跟。

高階人才更在意文化與信任

　　根據 2023 年 LinkedIn 的全球人才趨勢報告指出，超過七成的候選人會根據面試過程對主管與團隊的印象，來決定是否接受工作邀約。特別是中高階職缺，候選人不只看薪水與福利，更在意主管的溝通方式、對人的態度、未來是否願意給舞臺。換句話說，主管「怎麼挑人」，同時也在形塑自己「是否被選中」。

案例：主管的態度，讓優秀人選轉身離開

　　某家設計整合公司曾面試一位業界知名的品牌企劃人選，對方資歷完整、溝通清楚，原本雙方談得融洽。但進入最終一關時，面試主管以高姿態不斷質問細節，甚至話語中帶著輕蔑與否定語氣。對方雖然保持專業，但隔天即以「職涯方向不符」婉拒錄用。事後 HR 才得知，該人選原本願意加入，是因為對公司團隊風格充滿期待，卻在最後關卡對主管風格產生強烈排斥。這個錯誤的態度，讓整個招募流程功虧一簣。

◇第二章　不要用錯人：升上去的第一課，是用對人

用人是關係起點，而不是買賣成交

當主管在招募階段過度強調權威與篩選，會讓應徵者感到被貶低與不受尊重。其實每一次招人都是一場「關係起點」的建立，不只是技能的評估，更是合作意願的磨合。願不願意讓人看見真實的團隊狀態、是否誠實說明挑戰與成長機會，這些都會影響對方是否願意留下。

三項觀察，反過來看你是否值得被選

(1) 你在面試中是否留空間讓對方提問與了解？

(2) 你是否願意承認團隊現況中還有哪裡待加強？

(3) 你是否有給出職涯成長的畫面與可能？

好的面試，不是單方面測驗，而是雙向理解。當你願意真誠對待人才，對方才會願意用未來回應你。

優秀人才不是被說服，而是被尊重

主管不需要在面試中說服誰加入，而是要展現出「你值得加入的理由」。你怎麼對待他們的第一天，就會決定他們未來怎麼對待你。當人才越來越有選擇權，組織越來越競爭，真正吸引好人才的，不是話術與包裝，而是誠意與信任。

小節總結：挑人之前，先讓自己值得被挑

招募不是單向挑選，是雙向建立關係的起點。當你希望對方有熱情、有潛力、有格局，你也要讓對方看到你有支持、有空間、有未來。選才的本質，是合作意圖的展現。你怎麼挑人，就決定了誰會願意跟你走下去。

第四節　能力合適，不代表價值觀合拍

找對人，也要找對心

在選才時，主管常常太聚焦在能力匹配：會不會寫程式？懂不懂數據？做過類似的工作嗎？然而，即使在技術面完全合格的候選人，一旦與團隊價值觀不一致，很容易在文化上「搭不進來」，導致合作摩擦、信任難建、內耗上升。真正的長期適任，靠的不是能力，而是價值觀是否共鳴。

文化契合，比技術還耐用

當一個人加入團隊，他不只是在執行任務，更是參與一種工作節奏與行為習慣。如果他對溝通的期待、責任的理解、時間觀念、對失敗的容忍度都與團隊落差太大，即使工作能力不錯，也會讓整體合作失焦。價值觀差異會讓對話充滿暗流，甚至讓其他人「帶得很累」。長遠來看，文化不合的員工不僅難以融入，也難以發揮本來的實力。

價值觀就像軟體系統的底層相容性，看不見，但決定整體運作是否順暢。當團隊成員擁有一致的基本工作信念，就能迅速做出反應、互相補位、彼此信任，進而形成高效合作文化。

案例：能力強，卻讓團隊喘不過氣

某家行銷新創公司曾錄取一位在外商歷練豐富的資深資料分析師。他技術純熟、簡報邏輯清晰，但進入團隊後，頻繁批評流程效率、對他

◇第二章　不要用錯人：升上去的第一課，是用對人

人意見不耐煩，甚至拒絕參加部門討論活動。短短三個月，整個小組氣氛緊張，原本穩定的中階成員也出現離職意願。主管雖然一度捨不得這位「能力很好」的人選，最後仍決定讓其離開。HR 回顧此案時說：「這位員工沒有做錯什麼，但他不認同我們的做事方式，也不願理解我們合作的節奏，光靠技術救不了一個團隊。」

這並不是個案。許多企業為了追求技術即戰力而急於用人，最後卻因價值觀磨合失敗導致整個團隊重新洗牌。這樣的隱性代價，往往遠高於原本所擔心的「缺人」風險。

如何看懂價值觀，而不只看表現？

價值觀不像能力可以量化，但仍可透過以下三個角度評估：

(1) 他過去選擇的職涯路徑，是否與你們組織的文化調性接近？

(2) 他如何描述前一份工作的合作關係？語氣中是否帶有責備或尊重？

(3) 當你問他如何看待衝突或壓力時，他強調的是制度、個人還是團隊？

也可以進一步從行為細節觀察，例如他在試用期間是否主動了解他人工作方式、是否願意修正習慣、是否在會議中建立互信語氣，這些都是價值觀的具體表現。

此外，主管也可以藉由團隊成員的回饋來交叉檢視，例如詢問：「這位新人進來後，讓你覺得和他共事是舒服的嗎？還是總有些地方讓人卡卡的？」這些情緒層面的回應，往往才是文化適配與否的真實指標。

第四節　能力合適，不代表價值觀合拍

技術可以補，價值觀不能教

再強的能力，也無法彌補價值觀的錯位。因為文化認同是一種深層選擇，不是訓練出來的。主管在選人時，應該先問：「這個人會讓我們更像我們想成為的樣子嗎？」而不是「這個人是不是最快能上手的那位？」長期來看，能走久的，一定是文化走得進來的。

正因如此，有些主管會採取「先慢慢觀察、再正式任用」的方式，並在新進員工前三個月內設立文化適應期，鼓勵對話、開放回饋，也針對不同價值觀可能出現的摩擦提早因應，這種做法反而讓人更安心、留才率更高。

小節總結：能力對了還不夠，心對了才走得久

選才不只是找誰會做事，而是找誰能跟你一起撐下去。能力合不合，是眼前的事；價值觀合不合，才是未來會不會留下來的關鍵。當主管要記得：選的是人，不是履歷。真正走得長久的團隊，靠的是彼此理念一致、做事節奏相容的夥伴，而不只是技術分數高的執行者。

◇第二章　不要用錯人：升上去的第一課，是用對人

第五節　升錯人比沒人更麻煩

有人，不代表解決問題；升錯人，反而帶來更多問題

在組織中，最常見的一種誤判是「沒人可升，就先升個最熟的」。這種想法看似解決燃眉之急，實則可能在團隊裡埋下一顆長期的地雷。升錯人帶來的，不只是該位主管做不好，而是會讓整組的動力失衡、信任流失，甚至影響整體績效與文化。

錯誤升遷讓團隊陷入信任危機

當一個不具備領導能力或態度的人被升上主管，不只讓團隊士氣受到打擊，更會讓有實力但沒被選上的人產生不滿。這會造成兩種危機：第一，對主管選擇標準失去信心；第二，團隊成員開始「各做各的」，不再願意主動補位與支援。久而久之，即使上層再怎麼要求，也很難帶得動。

案例：錯升好友，害了兩個人

某家連鎖通路公司曾將一位資深員工升為門市副店長，原因是他在公司多年，與主管私交良好，加上暫時沒有更合適人選。結果該員工升遷後，無法調整從「同事」到「管理者」的身分，仍與一線員工過度打成一片，導致管理難以推動、排班制度失控，更無法處理衝突與紀律。最後，主管不得不將其調職，而原本表現穩定、具備潛力的另一位年輕員工也因此感到被忽視，選擇轉職離開。

主管事後坦言:「我們只是想快速補一個人,結果流失了兩個更重要的人。」這樣的經驗讓他重新檢討升遷標準,也開始建立清楚的領導能力觀察機制。

沒人可升,不代表可以隨便升

比起倉促決定、升錯人所帶來的後遺症,花時間等待對的人更值得投資。主管要學會面對「暫時空缺」的焦慮,將焦點放在培養潛力人選、建立儲備梯隊。寧可撐一下、慢一步,也不要將責任交給不適任的人,否則不但事情沒做好,還破壞整體信任氛圍。

「升錯人」與「暫不升人」的影響比較表

面向/狀況	升錯人(錯誤任命)	暫不升人(寧可等待)
團隊氣氛	容易產生內部不服與抱怨,削弱信任	可能短期疲累,但成員仍抱期待
執行效率	管理混亂、流程斷裂、決策品質下滑	短期壓力增加,但運作規則相對維持
關鍵人才留任	被忽略者可能選擇離職	潛力人才仍願意等待舞臺
組織信任感	被質疑升遷標準,出現「做得好也不一定被提拔」感	強化「升任需具條件」的信號
修正成本	須處理降職、補位、人際裂痕等後續問題	可趁空檔期觀察、培養合適對象
長期穩定性	因文化錯位導致持續內耗	穩定觀察、準備好人選後再出手,影響較可控

◇第二章　不要用錯人：升上去的第一課，是用對人

三個預警訊號，幫你辨識「升錯人」的前兆

（1）升上主管後，出現高頻率人員離職或抱怨聲音；

（2）被升的人無法推動既有流程，甚至模糊原則標準；

（3）原本高效能團隊開始出現默契斷裂、士氣低落。

這些都代表這個人可能不是「做不好」，而是「不適合」在這個位子上帶人。

領導位不是獎勵，而是承擔的開始

主管升遷不能只當作獎勵制度或補位動作，而應是組織對「誰能承擔責任、穩定團隊」的清楚判斷。當升遷是隨便的，組織文化也會變得鬆散與短視。要讓升遷具備正向指標作用，就要讓每一次選擇都經得起觀察與驗證。

小節總結：錯升一人，可能動搖整隊

升遷不是急就章，而是組織未來穩定與文化的建設工程。與其快速升錯人，不如耐心養對人。當主管要記得：空缺的壓力只是暫時的，但升錯人留下的裂痕，卻會拖慢整個團隊很久。

第六節　寧願等對的人，也不要勉強補人

「先有人比沒人好」的思維，常帶來更大代價

許多主管在面對職缺空窗時，會因組織壓力、進度要求或高層催促，選擇「先補一個上來再說」。但現實往往證明，倉促找人不是解方，反而可能引發更多管理問題。因為「補錯人」產生的連鎖效應，不僅讓事情沒做成，還可能讓團隊信任崩解，甚至流失真正的人才。

補錯位子，不如先守住節奏

與其將一個不適任的人推上關鍵職位，不如暫時穩住現有節奏、清楚分工、拉長觀察期。真正聰明的主管，不是急著讓空缺填滿，而是知道空缺期間如何控管負荷、設計支援、逐步培養。因為領導位子不能只是有人坐，更要能讓團隊信服與跟隨。

「錯補人」與「寧願等待」的管理決策比較表

面向／決策行動	勉強補人（錯補）	寧願等人（策略性等待）
決策動機	怕沒人接、壓力大、想趕快交差	願意先承擔負荷、等待更成熟的選擇
短期效果	空位填上了，看似穩定但內部隱憂浮現	初期分工稍有壓力，但組織節奏可控
團隊反應	對升遷標準產生質疑、士氣下降	明白主管審慎用人，願意多觀察自身角色定位

◇第二章　不要用錯人：升上去的第一課，是用對人

面向／決策行動	勉強補人（錯補）	寧願等人（策略性等待）
影響深度	擾動原有節奏、誤用職權、人才流失	建立組織信任、讓潛力人才浮出，累積向心力
修正成本	高—包含降職、人事異動、文化修復	低—以輪值、代理制為緩衝，易於後續導入
長期穩定性	不穩—需重建文化與信任循環	穩健—預留成長空間，有利長期戰力養成

案例：補了主管，卻讓團隊更空

某食品製造商曾在一名資深主管退休後，為了維持生產線流程穩定，快速提拔一名產線班長接任主管職。此人技術純熟，但不擅溝通協調、拒絕跨部門合作，導致供應與品質團隊間摩擦升高，半年內原有的三名主力員工陸續離職。新主管雖仍「撐著」流程，但部門氣氛日益惡化，整體效率下降。事後，原本考量再補一位「備位主管」的高層，決定將制度重整為「代理輪值制」，在過渡期內透過多位資深員工輪流主導，並同步展開人才內部培育方案。

該案後續反而激勵許多員工投入輪值挑戰，不少人在實務中展現出潛力，成功打開內部升任新機會。

等，是為了讓人準備好，而不是拖延

不是每一次「等人」都是被動應付。真正懂用人的主管知道，寧可短期多付出管理成本，也不要讓錯誤人選占住關鍵位置。一旦升錯人，不只影響績效，更會讓真正有心進步的人產生「原來先升的是資歷、不是

第六節　寧願等對的人，也不要勉強補人

實力」的挫敗感。

有時候最難的選擇，就是暫時按下升遷按鈕，耐心等一個「還沒準備好但有潛力」的人慢慢站穩，甚至主動為他設計成長路徑與任務歷練。這樣的等待，不是拖延，而是一種積極的養人策略。

三個自問，確保你不是為補而補

（1）這個人若升上來，有沒有具備「撐得住」的心理準備？

（2）你補的是「人力空缺」還是「責任空缺」？是否可以短期由制度支撐？

（3）你有沒有因為怕自己累，就提前把位置讓出去？

這些問題能幫助主管冷靜判斷：現在是真的非補不可？還是只是心理急？

缺，是正常；亂補，才會更缺

職場中，缺人是常態，但錯補會變成長期虧損。學會等待，是一種領導的成熟表現。當主管選擇不補錯人、不讓錯誤的人占住正確的位置，就是在為未來整體戰力鋪路。

小節總結：急著補人，往往錯過真正對的人

空位不是空白，而是準備的空間。當主管要知道，補位子容易，養人才難；占住一個人不難，讓對的人長出來，才是真正值得等待的事。寧可撐住空窗期，也不要用錯一個可能拖慢全局的角色。

◇第二章　不要用錯人：升上去的第一課，是用對人

第七節　組合不同風格，才有彈性團隊

太一致的團隊，反而容易出問題

不少主管在組團隊時傾向找「風格相似、理念一致」的人，一來溝通快，二來合作舒服。但這種「舒服感」背後，可能是一種危機──太一致，代表角度有限、挑戰不足、觀點同質。缺乏風格多樣性的團隊，在面對變化、衝突或壓力時，往往缺乏足夠的彈性與創造力。

團隊像合奏，不是獨唱

領導者要學會組成「有機搭配」的工作團隊，就像一支交響樂團，每個人擅長的音域不同，有人節奏穩，有人擅長即興，有人強在策略、有人成熟於執行。透過互補風格的編排與角色設計，才可能組出一支遇強不亂、臨機應變、攻守皆能的彈性團隊。

案例：多風格的設計小組，成為跨部門關鍵

某科技產品品牌在推動年度重設計任務時，組成一個包含工程背景、藝術設計學院、使用者體驗研究、通路銷售的跨部門工作小組。四人風格各異：一位邏輯型極致、一位創意爆棚、一位善於觀察使用者細節、一位熟悉通路回饋。初期溝通衝突不斷，但經過兩次衝突調解與流程重新分工後，四人找到自己的定位與貢獻邏輯，成功設計出打破內部過去銷售瓶頸的解法。這組團隊也因此成為公司後續跨部門合作訓練的典範。

第七節　組合不同風格，才有彈性團隊

不同風格，是衝突來源也是創造動能

風格多元的團隊，在初期往往更容易起摩擦，但只要有好的對話機制與明確任務分工，就能將這些摩擦轉化為多元觀點的刺激來源。衝突本身不是問題，問題是你是否有設計好讓衝突變成資源的條件。

三項技巧，讓不同風格搭得起來

1. 建立角色明確與期待清楚的分工地圖

讓每個人知道自己為什麼存在、擅長什麼、不用跟誰比什麼。

2. 定期引導「差異對話」

針對合作中的不舒服點，創造空間說清楚、聽進去，而不是壓抑情緒。

3. 設計共同任務目標，讓大家朝向同一個大方向努力

差異若沒有共識框架，容易演變為消耗；但只要大家都想把這件事做好，就能讓每一種風格都找到定位。

彈性，不是來自人多，而是風格搭得上

一個十人的團隊，如果全都思考方式類似，就等於只有一種腦袋；但三人風格不同、互相尊重、目標一致，也能創造十倍的變化空間。主管組隊時，要勇於啟用不同個性與風格的夥伴，讓團隊裡出現拉鋸、出現挑戰、出現交錯，這些不是雜音，而是創造活力的基底。

◇第二章　不要用錯人：升上去的第一課，是用對人

> 小節總結：想要韌性，就要先有差異

　　一支不會因為變化而垮掉的隊伍，不是因為成員一樣，而是因為成員不同。團隊風格愈多元、對話機制愈成熟、合作結構愈清楚，愈能在困境中站穩腳步。真正的帶人，不是讓大家變一樣，而是讓大家能在差異中彼此成全。

第八節　技術可以補，人品不能教

技術是工具，人品才是根本

在職場中，我們常聽到這句話：「技術可以學，人品難補。」雖然聽起來像老生常談，卻是一個主管在用人時必須時時放在心上的原則。因為職能可以訓練，但態度、誠信、責任感、合作意願等人品要素，卻是內化多年才成形的價值觀，很難短時間翻轉。

對人品寬容，等於對整個團隊不公平

不少主管會在用人時出現一種「只要他做得好，其他就睜一隻眼閉一隻眼」的容忍邏輯。問題是，當你包容一個有問題的行為時，整個團隊其實都在觀察。久而久之，會形成一種氛圍：只要你績效好，就能破壞規則、不用承擔後果。這樣的文化會讓其他認真做事的人心生不滿，最後可能導致人才流失與價值錯位。

案例：技術很強，但一再踐踏團隊信任

某新創軟體公司曾僱用一位資深後端工程師，其技術能力確實強悍，常能解決團隊的緊急技術問題。然而他經常遲到、公開質疑主管決策、拒絕文件紀錄、只想獨立完成專案、不願合作。有一次甚至在團隊會議中當眾嗆聲：「這流程很蠢，我懶得配合。」雖然短期內他的產出帶來一定效益，但整個團隊士氣迅速下滑。最終，公司決定與其解除合約，並在後續招募中將「合作態度與尊重溝通」列為核心評估指標之一。

◇第二章　不要用錯人：升上去的第一課，是用對人

　　這個決定讓原本沉默的團隊重新振作，也讓主管反思：能力固然重要，但若人品失衡，最終是團隊買單。

技術可以補，人品不能教的五個原因

（1）人品是價值觀的長期累積，不是短期訓練可以改變的；

（2）人品不佳會破壞團隊信任，是內耗的根源；

（3）態度不對會放大技術風險，讓能力反成傷害；

（4）組織文化一旦被破壞，修復代價極高；

（5）有技術但沒責任感，最終也撐不住壓力或挑戰。

如何在選才時辨識人品是否過關？

　　人品雖然不像技術可以考試測驗，但仍可以從以下幾個方向觀察：

- 看他如何談論過去的同事與主管：是否帶著基本尊重與理解？
- 從面對模擬任務的態度看處理方式：是誠實面對問題還是甩鍋推責？
- 試用期間觀察其對制度與流程的配合度：即便不認同，是否願意溝通？

　　此外，也可在面談中詢問「他有沒有在某次團隊任務中主動補位或協助他人」，因為這種行為反映了責任感與團隊思維，是人品的外顯證據。

第八節　技術可以補，人品不能教

技術好只能短期加分，人品好才能走得長

真正會用人的主管，都明白：技能的優劣只決定起跑點，但人品的好壞，才決定這個人能不能與團隊走到底。你可以花時間幫一個人補強技術，卻很難教會他怎麼面對責任、怎麼尊重他人、怎麼誠實面對錯誤。

小節總結：會做事的人很多，願意做好的人才稀有

選才不是選最聰明的，而是選那個做錯事願意補救、聽得進別人聲音、扛得起壓力、撐得住情緒的人。技術再強，如果人品不正，只會成為團隊的變數；人品過關，哪怕技術還在路上，也能成為穩定可塑的好選擇。

◇第二章　不要用錯人：升上去的第一課，是用對人

第九節　舞臺要慢慢給，不要一下子壓太大

能力再好，也需要熟成過程

許多主管在發現潛力人才時，往往出於欣賞或期待，會一次給出過多責任與任務，試圖讓對方「一戰成名」或「快速接班」。然而，這樣的做法若不慎規劃，容易把人推向壓力臨界點，讓一個原本值得栽培的人才，在尚未準備好時就提前燃燒殆盡。

不是不給舞臺，而是要給對時機

舞臺是磨練不是壓垮，真正有效的職涯安排，是讓人才在適當的節奏中逐步展現實力與承擔。給太快，會讓人沒有練習的空間；給太慢，則容易讓人覺得被壓抑。關鍵在於節奏調控與機會設計，而不是一口氣壓大任務、賭一把信任。

案例：一週內三場簡報，讓他差點轉職

某家大型媒體公司在年度企劃交接期，決定讓一位潛力編輯負責多場高層簡報與重要提案。該名編輯平時表現穩定，邏輯清晰，因此主管認定他可以「跳級挑戰」。結果該員工雖然硬著頭皮完成簡報，但過程中壓力爆表，甚至出現失眠、焦慮與情緒低落。事後坦承一度萌生離職念頭，感覺被「推去冒險」而非「被看見成長」。主管後來調整策略，安排他進入小型專案磨練提案與帶領經驗，半年後再安排中大型計畫，表現反而更沉穩且有信心。

這個經驗說明：主管對人才的期待不能只靠加速器，還需要避震器。

第九節　舞臺要慢慢給，不要一下子壓太大

給舞臺不是放任，而是要陪伴

　　許多主管誤以為「給你機會就是信任」，但事實上，如果缺乏引導與回饋，這種信任很容易變成壓力。主管應在人才成長過程中設立檢查點（checkpoint），協助他釐清進度、重新校正節奏，並及時提供情緒與資源支援。若發現人選在某項任務中出現挫敗，也能迅速做出階段性調整，避免「一失足成千古恨」。

如何正確給舞臺？三步驟不壓垮人

　　(1)設定循序漸進的任務難度：從輔佐角色做起，逐步提升到主導，讓人才有空間試錯與反思。

　　(2)提供過程中可得的回饋與支援：不能只是交代任務，更要有討論空間與陪伴角色。

　　(3)在小舞臺中模擬大壓力：先在低風險任務中創造挑戰情境，培養心理韌性與決策感。

　　這樣的設計讓舞臺變成「訓練場」，而不是「試煉場」。

領導者的責任，不是推人下水，是教人游泳

　　一位好主管不是用責任來驗證一個人值不值得升遷，而是用歷練來幫助一個人逐步成長。你願不願意陪他討論怎麼規劃任務、怎麼拆解壓力、怎麼調整節奏，會決定這個人是否真的能走得穩。

◇第二章　不要用錯人：升上去的第一課，是用對人

延伸案例：三階段培養接班人

某家電子零組件公司針對接班梯隊，設計「三階段成長機制」：

第一階段讓人選擔任次要專案負責人，訓練流程設計與合作能力；第二階段進入跨部門溝通與資源協調任務，培養影響力與彈性處理能力；第三階段才會進入主管候選人計畫，安排實際領導任務與壓力測試。該制度實施兩年內成功提拔六位中階主管，員工滿意度與留任率明顯提升。

這證明「慢慢給」不是保守，而是讓每一步成為可累積的底氣與信任基礎。

小節總結：舞臺是給人站穩的，不是給人跌倒的

真正會帶人的主管，不是急著把人推上火線，而是懂得判斷時機與節奏。給對人、給對時間、給對難度，才能讓潛力變成實力，讓信任變成成果。慢給不是拖，是累積厚度；快壓不代表高效，反而可能是失控的開始。

第十節　用人不是靠「我覺得」，而是靠觀察

直覺不是決策，是提醒你去觀察的起點

很多主管在用人時，會說：「我覺得他應該可以升」、「我感覺這個人穩」。這些話語看似來自經驗，其實多半來自主觀印象。人的大腦容易受第一印象、語氣、外貌、學經歷等因素影響，形成「看起來不錯」的錯覺。但領導者真正的判斷力，不能只是憑感覺，而是要透過行為觀察、任務反應與互動細節來做出判斷。

感覺可靠的陷阱：你看到的是你想看到的

心理學家丹尼爾·康納曼（Daniel Kahneman）在《快思慢想》中指出，人類習慣用系統一（快速直覺）來做判斷，這讓我們在選人時很容易「腦補」對方的能力與潛力，尤其是對個性類似、說話風格對味的人更容易產生好感，進而高估對方實力。這不但會讓你升錯人，還會忽略真正值得培養但風格不一樣的人才。

案例：升了說話流利的，卻忽略了默默完成任務的

某電商平臺曾讓一位簡報表現突出的行銷專員升任主管，他口條流利、自信十足、擅長與高層互動。但升遷後卻無法整合團隊、任務總是延宕，導致部門效率大幅下滑。反觀原本表現低調、但多次協助他人收尾的同事，後來接任任務主持反而帶出成效。事後高層調整用人標準，導入「行為觀察指標卡」，從平時任務態度、回饋反應、情緒管理等面向進行量化記錄。

◇第二章　不要用錯人：升上去的第一課，是用對人

用人要看行為，而不是聽表現

真正能反映一個人是否能升任主管的，不是他在面試中說什麼，而是他在任務過程中做了什麼。以下是三個觀察點，幫助你跳脫「我覺得」的陷阱：

- 回饋時的態度：對批評能否正面回應、是否願意修正？
- 任務中是否能補位、協助他人：不是只顧自己績效，而是能否考慮整體。
- 情緒穩定性與壓力反應：在急件或爭執時是否能維持理性？

這些才是長期判斷領導潛力的真實依據。

建立可觀察的用人制度

為了避免憑感覺用人，許多組織已開始設計「任務型選才流程」，包括模擬任務領導、跨部門合作歷練、匿名同儕回饋機制等方式，讓候選人被放進真實場景中測試。主管也可以定期建立觀察紀錄表，每月簡單記錄一次員工在合作、領導、反應、問題處理等方面的具體表現，久而久之就能建立出更客觀的選才資料庫。

真正的準確，不是直覺，而是細節

有些主管會說：「我看人很準」，其實準不準不是來自「你感覺對不對」，而是你是否真的花時間看行為、看互動、看任務過程。真正的準確，是累積來的，是每一次願意觀察與記錄的結果。

第十節　用人不是靠「我覺得」，而是靠觀察

小節總結：少一點「我覺得」，多一點「我觀察過」

主管選人不是靠直覺判斷，而是靠實際觀察。你看到的不是簡報表現，而是任務中是否能合作、是否能撐壓力、是否願意調整。用人不能靠第六感，而要靠觀察記錄。看得準，才能升得穩；觀察多，才能選到真正對的人。

「我覺得」與「我觀察過」的選才差異比較表

面向／方法	靠感覺（「我覺得他可以」）	靠觀察（「我記錄過他的行為」）
判斷依據	第一印象、語氣風格、表現說詞	行為紀錄、任務反應、情緒管理、合作態度
容易受什麼影響	個人喜好、相似背景、口條外貌	客觀數據、具體事例、團隊回饋
常見誤判	選到說得好但做不好的人、忽略低調但可靠的人	選擇在實作中證明能力、具備真實潛力的人
團隊觀感	升遷不透明、標準不一、造成內部質疑	標準清楚、信任累積、培養觀察文化
成功率與穩定性	成功率低、風險高、難以矯正	穩定性高、利於人才成長與團隊信任建立
搭配制度建議	無紀錄、難以回溯	任務觀察紀錄表、定期回饋、模擬領導任務、同儕評估等

◇第二章　不要用錯人：升上去的第一課，是用對人

第十一節　組織是大家的，不是只靠一個人撐

一人撐全場，會讓整隊跟著散

很多主管在帶團隊時，會習慣性依賴某一位「超級主力」，無論是壓線專案、跨部門協調、重要簡報，幾乎都交給他來撐。這種「一人英雄」的用人模式短期看似有效，但長期卻會造成兩大問題：第一，主力負擔過重，容易疲乏甚至離職；第二，其他人逐漸失去動力與參與感，變成觀望或被動。

「強者負重」不是常態，而是失衡

當一個組織總是仰賴同一人出面救火或扛壓力，說明的是整體制度與分工失衡，而不是該員工特別厲害。長期下來，這位員工的專業會變成「唯一解」，一旦他不在，整個團隊就會停擺。真正健康的組織，是每個人都知道自己在承擔什麼，也願意為他人補位，而非等待強者接替。

案例：離開一人，崩掉整組

某行銷顧問公司曾有一位資深專案總監，長期獨攬客戶關係與提案主導。雖然業績穩定，但整組成員對流程與內容理解薄弱，遇到變化時習慣請他出面。該總監因健康因素請長假三個月，結果三場重要簡報延誤、兩組專案誤判關鍵指標，導致客戶信任動搖。事後公司重啟培訓制度與任務輪調，花了半年才讓團隊重新站穩節奏。

這起事件證明：「一個人撐起來的組織，看起來強，但其實很脆弱。」

第十一節　組織是大家的，不是只靠一個人撐

三個步驟，讓團隊變得「能互撐」

1. 建立任務共識而非角色依賴

　　讓每個人知道專案成功與否不只是某人扛，是整體配合成果。

2. 定期進行知識分享與輪流主導

　　鼓勵主力人員分享方法論、流程知識，並讓新人接手小任務主持。

3. 將補位視為文化常態而非例外

　　讓團隊理解「我幫你不是因為你弱，而是因為我們在同一條船上。」

　　透過這樣的機制設計，可以讓組織從單點壓力，轉變為系統支撐。

主管的責任是「撐住團隊」，不是「自己撐住」

　　一個好主管，不是自己撐起一切，而是讓每個人都願意撐一點。當團隊有能力相互支援、有意願接住彼此，才能形成真正抗壓的組織體質。這樣的組織，即使面對突發、變動，也不容易崩盤。

小節總結：不是靠某一個人厲害，而是靠大家願意補位

　　強者固然重要，但一個組織的穩定性，不是靠一位菁英，而是靠整體願意互撐。當大家理解「我在這裡是為了讓整個團隊運作更好」，就不再是你做你的、我撐我的，而是一起穩住、一起往前。

◇第二章　不要用錯人：升上去的第一課，是用對人

第十二節　當主管要先學會放對人、放對位

管理的第一要務：不是自己做，而是誰該做什麼

許多新手主管升任之後，最常陷入的迷思是「自己做比較快」、「這個還是我來比較放心」，結果不僅自己疲於奔命，團隊也無法成長。真正成熟的領導者，會將重點放在「人要怎麼放、位子要怎麼配」，讓每個人都在自己擅長的位置上穩穩發揮。

用人不是用能力，而是用位置

一個人能力再好，如果放錯位置，也無法發揮；而即使是潛力型的人才，只要放在對的位子，也能成為關鍵角色。主管最重要的功課，不是找誰最厲害，而是看誰放在哪裡，能把整體節奏帶起來。這就像下棋，不是看每顆棋子能不能打，而是能不能守住關鍵節點、引導布局。

案例：同一個人，兩種位置，天壤之別

某文創出版公司原本讓一位資深編輯負責新書主編工作，結果該員工雖文筆流暢、細節嚴謹，卻不擅管理外部設計、插畫與排程協調，導致書案延誤。主管後來調整分工，讓他轉為「內容總審」角色，回歸撰寫與內容品質把關，並另由擅長協調溝通的編輯負責主案統籌。最後專案進度回穩，書籍品質也維持水準。主管坦言：「不是他能力不好，是我一開始沒放對位。」

三步驟讓人放對位

1. 辨識核心強項

透過任務歷練與觀察，判斷每位成員真正擅長的是哪一塊（創意、執行、溝通、穩定性、壓力處理）。

2. 區分任務屬性

每個任務有不同本質，不能只是看「誰有空」，而要看「誰適合」來承接。

3. 輪動試點與觀察反應

透過小範圍調整與階段測試，觀察員工在新位置上的壓力、穩定度與成長潛力。

放錯人，比沒人更可惜

錯誤的調配，不僅讓人才無法發揮，還會打擊其信心與工作成就感。主管若常常調錯、配錯，久了團隊會失去對制度的信任，甚至不再主動爭取挑戰。相反，若能精準調位、清楚說明用意，成員會更願意投入新任務，也更容易從中成長與配合。

當主管不是填滿位置，而是讓每個人發光

每一個團隊裡都有無形的空位，好的主管能看出誰該被推上來、誰該退一步蓄能、誰適合打頭陣、誰適合後援支撐。這不只是管理技巧，更是一種識人與育人的判斷藝術。懂得放對人與對位，才是讓整個團隊發揮最大能量的關鍵。

◇第二章　不要用錯人：升上去的第一課，是用對人

> **小節總結：不是有沒有好人用，而是你會不會用好人**

當主管不是自己厲害，而是能不能讓別人變得厲害。放對人、放對位，看的是節奏、脈絡與潛力的對齊，而不是誰最閒、誰聲音大。當你願意花時間看懂人、調對位，團隊就會開始自行運轉，你也才能從「自己做」轉為「讓人發揮」。

第三章
升遷後,不能只會做事:
從自己好,到帶人好

◇第三章　升遷後，不能只會做事：從自己好，到帶人好

第一節
升上來，不是做更多事，而是讓別人能做

升遷不是換位子，是換角色

很多人升上主管第一個直覺反應是：「我是不是要做更多事情了？」這種想法看似負責，其實走偏了。真正的主管不是把自己變成一人萬能，而是要讓整個團隊動起來。升上去，不代表你做比較多，而是你要讓別人有空間做得起來。從專業角色轉為領導角色，核心不在「自己多強」，而在於「能否帶出更多人」。

升遷後，職能從「執行者」轉為「成就他人」

當你還是個執行者時，評估的是你能完成多少任務；但當你成為主管後，評估的標準變成「你能否讓別人把事做好」。這是一種心態的轉變，也是一種行為的落差。若不調整角色定位，升上去後仍用做事的邏輯看待領導，就會變成「工作堆在主管身上，團隊沒人動起來」。

案例：高績效業務變主管後崩潰

某保險公司一位業務員在單位內連續三年業績第一，公司看準其戰績，提拔為小組主管。升任後他仍保持「我做最快」的心態，習慣自己談合約、搶客戶、幫下屬收尾，但半年內就出現嚴重倦怠，不僅自己績效下滑，團隊也養成「等主管做完」的依賴風氣。後來經資深主管協助，他開始將目標轉為「訓練人談、陪人談」，才逐漸扭轉困境。該主管後來分享：「當我開始教會別人把事做起來，才真的覺得自己在當主管。」

領導工作的三個核心思維轉換

（1）從完成任務→建立能力：你不再是負責執行者，而是能力輸出與放大的人。

（2）從被期待表現→創造空間讓人表現：你不是舞臺中心，而是設計舞臺的人。

（3）從追求正確→協助修正：允許錯誤發生，並在過程中引導改進。

這些觀念改變了，你才能真的放下「我來做比較快」的執念，讓團隊自然運轉。

如何判斷自己還卡在「做事者思維」？

- 你是否仍然覺得，事情「交出去」會做不好？
- 當別人做錯時，你是否第一反應是自己補上，而非指導？
- 你是否一天到晚處理細節，卻沒時間思考團隊發展？

如果這些答案都是肯定的，代表你可能還停留在「會做事」但不等於「會帶人」的階段。

領導者的影響力，是讓別人能動起來

真正有效的主管，會在帶團隊時主動讓出位置，讓每個人知道自己可以承擔、可以學習、也可以犯錯。這不代表你變得不重要，而是你開始把「重要」轉化為「讓別人也能成為關鍵的人」。主管的價值不是在於「自己完成了什麼」，而是「讓多少人可以因你而前進」。

◇第三章 升遷後，不能只會做事：從自己好，到帶人好

> 小節總結：你升上來，不是因為你做得多，
> 而是你開始讓別人做得好

　　從執行者到領導者，最關鍵的變化是目標從「我能做多少」變成「我能帶動多少人一起成長」。你不再是一個人跑得快，而是帶著大家穩穩往前。這才是升遷後的真正價值。

第二節　當主管不能每件事都自己來

不放手，最後你會卡住所有人

升任主管之後，最常見的問題就是「什麼事都還是自己來」。這種情況有時是習慣、有時是焦慮，也可能是不放心。問題是，如果你每一件事都想親力親為，到最後不是你撐不住，就是整個團隊等你指令才會動。久而久之，團隊會失去主動性，而你也失去作為主管該有的高度。

領導者不是英雄，而是系統設計者

很多人誤以為「好主管」就是所有問題都能解、所有挑戰都能接，但其實主管的價值不在於「做得多」，而在於「設計得好」。真正的領導者，是建立制度、定義流程、創造決策原則，讓大家有依據、有節奏可以前進，而不是事必躬親、親自完美。

案例：每件事都自己來，反而拖累整隊

某行銷活動公司的一位中階主管，過去是極為優秀的創意人才。升任主管後，他仍堅持親自寫簡報、確認設計細節、監督外包流程，團隊什麼都得等他過目。結果案件數量增加時，他的工作永遠做不完，專案時程頻頻延誤。下屬也不敢主動決策，凡事等他核可。主管自己感到疲憊，下屬也感到窒息。後來經過高層介入重整，他學會信任團隊，釋出部分任務並設立週會協調流程，才讓部門重新回穩。

◇第三章　升遷後，不能只會做事：從自己好，到帶人好

每件事都自己來的四大副作用

(1) 時間塞滿，無法做策略性思考；

(2) 團隊失去練習與承擔空間；

(3) 你變成瓶頸，團隊效率受限；

(4) 下屬永遠長不大，主管永遠無法升級。

這些後果看起來只是效率問題，其實更是組織動能的斷點。

三個原則，幫你逐步放手但不放任

1. 先放流程，不放原則

流程可以讓出去，但決策標準要先定清楚。

2. 給空間也給邊界

讓下屬自己解決問題，但預設可彈性討論的界線。

3. 從小任務開始試交辦

不要一口氣把重要專案交出去，先從週報整理、會議召集等次要任務開始培養承擔感。

這些步驟可以幫助你在放手的同時，不失去方向控制。

主管該做的，是「協助人能做」，不是「替人做掉」

當下屬問你：「這個我不太會處理怎麼辦？」你的反應不該是「那我來」，而是「我們一起來想辦法解決」。你要的是讓他會，而不是你一直幫。否則看似效率，其實是拖累。

小節總結：你什麼都自己來，最後就什麼都卡住

主管不該是最忙的那一個，而是最清楚「誰該做什麼」的那一個。從工作設計、角色分配，到錯誤容許的彈性，你的任務是打造一個會動的團隊，而不是讓大家圍著你轉。當你放得下，團隊才能真正長大。

◇第三章　升遷後，不能只會做事：從自己好，到帶人好

第三節　不會放手，最後自己會累垮

抓得太緊，只會讓自己斷線

不少主管升上來後，會習慣性地繼續抓住所有環節，從任務進度、專案溝通、客戶接洽、內部簡報，樣樣都不敢放。乍看是負責，其實是在累積一場慢性崩潰。領導角色最需要避免的不是能力不足，而是「不懂得適時放手」，讓自己變成組織中唯一能動的齒輪。

累，並不等於值得

有些主管內心會有種盲目認同：「我越累代表我越重要」，但現實是，真正重要的主管，應該是能讓大家動起來的設計師，而不是親自衝在每條線上的戰士。你拚命，只代表你撐住；你會放手，才能讓整體撐得久。

案例：拚了三季，倒在年終前

某教育科技公司一位產品主管，在組織轉型期間扛下多項任務，從功能規劃到技術溝通再到用戶訪談全都一手包辦。雖然短期內交出亮眼成績，但到了第三季，他出現嚴重疲勞與失眠，最終在年終評估前提出離職。團隊後來重組時才發現，原來其他人早已缺乏參與感與責任意識，導致整體戰力瞬間下滑。事後高層調整用人策略，推動「任務接班人制度」，避免責任集中於一人。

不放手的五種累法，你中幾項？

(1) 身體累：長時間加班、無休日處理業務；

(2) 心理累：事事放心不下，壓力無出口；

(3) 決策累：所有選擇都自己做，腦袋無法關機；

(4) 關係累：對下屬產生不信任，對上層產生抱怨；

(5) 成就累：再多成果也無法轉化為內在滿足。

這些疲累不會一次爆發，但總會在某一刻讓你忽然崩潰。

學會放手，不是卸責，而是延長續航力

你不是不要做事，而是要開始做「別人做不了但你可以幫得上的事」。你要的是打造結構與制度，協助別人把事做得起來，而不是每一件事你都從頭到尾處理。能夠讓別人承接，是你價值的延伸；什麼都自己扛，反而限制了你真正的貢獻範圍。

三步驟，教你逐步放手不焦慮

(1) 確認下屬的可承擔區塊：針對任務屬性與能力分布，找出可以先釋出的範圍。

(2) 設定明確交辦條件與檢查點：給出成果期待與回報時間點，降低失控感。

(3) 承認自己不能萬能，設限才能有能：每週盤點你做的事裡，有哪些其實應該交出去。

這樣的轉變，才讓你從「拚命主管」變成「穩定系統的領導人」。

◇第三章 升遷後，不能只會做事：從自己好，到帶人好

小節總結：你不放手，不只是累自己，也拖住了團隊

一個帶人的人，若無法放手，就無法成長。你越拚命代勞，團隊就越無法獨立。真正成熟的主管不是最拚命的那個，而是最懂得何時該放、該接、該培養的人。你先學會放下，才可能撐得久、走得遠。

第四節　領導是帶路，不是搶著跑第一

領導不是表現最好，而是讓大家走得對又走得穩

許多人剛升上主管，仍習慣「拚業績、搶表現、做第一」的心態。這樣的競爭意識在個人工作階段或許有效，但在領導角色裡反而會形成壓力場，讓下屬不敢前進、不敢犯錯、也不敢超過你。真正的領導，是清楚目標、規劃方向、協助他人走路，而不是自己狂奔讓其他人跟不上。

當你只顧跑第一，別人只敢跟在後面

領導者若不懂得放慢腳步帶人，團隊就會變成「一人領跑、眾人旁觀」的局面。這樣雖然進度會快一點，但組織學習會變慢很多。長久下來，所有決策都仰賴主管，所有執行都圍繞主管，不但會拖累主管自己，也讓團隊缺乏接棒能力，成為極度脆弱的結構。

案例：主管太快，團隊反而原地踏步

某軟體公司一位技術主管升任後仍保持「先寫一版給你們看」的風格。他每次都自己先做好原型，才丟給團隊接手修改。雖然看似效率高，但團隊開始出現「反正主管會先做」、「我只是後段處理」的心態，逐漸喪失主動設計的能力。主管後來發現，團隊三個月內的技術成長趨近停滯。經過調整，他改為只給出目標與邏輯，由團隊自己討論版本設計，才逐步恢復創造力與學習動能。

◇第三章　升遷後，不能只會做事：從自己好，到帶人好

領導者應該做的四件事，不是搶做，而是幫做

（1）定義方向：讓大家知道為什麼走這條路；

（2）釐清優先順序：不讓人忙得沒有重點；

（3）創造安全感：讓團隊知道錯了也有空間修正；

（4）示範但不搶戲：你可以出手，但要讓別人接得住。

這些才是真正能把人帶起來的領導行為。

主管不是第一名，而是第一個讓人願意前進的人

你不需要再證明自己做得比大家快，而是要建立一個節奏，讓團隊知道如何一起走得更穩。當你願意放慢腳步、等人跟上、教人走路，你才算真的「在帶人」，而不是只是在跑自己的比賽。

小節總結：別急著跑第一，先確定你有帶人走

主管的成就不在於自己完成多少，而在於有多少人因你成長、因你敢往前。真正的領導是看得遠、帶得穩，而不是搶得快。跑第一不難，難的是讓所有人都能一起到終點。

第五節　工作分得清楚，責任才扛得住

模糊的分工，讓問題永遠找不到人負責

　　許多團隊失敗，不是因為沒有人才，而是因為事情沒分清楚。工作沒有明確分配，每個人都覺得「這應該不是我負責的吧」，一旦出錯就開始互踢皮球。當分工模糊，責任也自然無從歸屬。主管的第一件事，就是把「誰做什麼」講清楚，讓每個人都知道自己該扛什麼、能問誰、不能閃。

責任不清，是帶人最大的風險源

　　當責任不清楚時，績效難以評估、任務進度難以掌控、團隊氣氛也會變得消極。因為誰做得多誰吃虧，誰會躲誰就沒事。這樣的氛圍會迅速侵蝕一個本來具備潛力的團隊，讓人寧可「少做少錯」，而不願「多做多承擔」。

案例：三個人都負責，結果沒人扛得起

　　一家 B2B 軟體解決方案公司在處理客戶客訴時，主管為了「讓大家都有參與感」，將一項緊急改善任務指派給三位資深工程師共同負責。結果三人互相等待、互相詢問彼此的想法，最後錯過處理時效，導致客戶流失。事後檢討時，主管才發現自己沒有定義誰負責主導、誰協助、誰支援。從那次以後，他在每個任務都備註主責人與工作拆解，團隊效率大幅提升。

◇第三章　升遷後，不能只會做事：從自己好，到帶人好

清楚分工的三層架構

1. 主責人（Owner）

任務成敗的第一責任者，負責整體進度與方向掌控。

2. 合作者（Co-Owner）

參與者之一，針對指定專案協助與回饋。

3. 資源支援者（Supporter）

提供必要資訊、技術、人力支援，不負主要責任。

主管需在任務起始階段明確標示以上角色，才能讓流程不落地、不失焦。

工作拆解不是微管，是為了讓人扛得穩

很多主管不敢細分任務，怕被誤會在控制。其實恰當的拆解不是「你什麼都管」，而是「讓每個人知道要管什麼」。一個好的工作拆解，是讓人清楚知道標準、時間、對接窗口與責任歸屬，而不是依賴主管隨時出面「提醒」或「補位」。

責任有邊界，才有承擔的勇氣

當一個人知道他負責哪一塊，也清楚自己會為什麼負責，他才會比較願意承擔。如果責任模糊，大家只會想著如何自保、如何撇清。主管的任務不是事事幫人分擔，而是幫大家釐清邊界與期待，讓責任承擔得起，也承擔得穩。

第五節　工作分得清楚，責任才扛得住

小節總結：扛不住的，不一定是人，而是責任太模糊

一個會帶人的主管，不是自己把所有事扛起來，而是能把每件事區分清楚、交代明白。當工作有清楚歸屬，責任才有承接者；當角色有明確定義，團隊才會有節奏、有動力。

◇第三章　升遷後，不能只會做事：從自己好，到帶人好

第六節　有能力不代表適合帶人，要學得放下

做得好，不等於帶得好

許多主管在升任之後會下意識認為：「我就是因為最強，所以我來帶大家。」但事實上，領導的關鍵不是在於你自己做得多快，而是你是否願意、也能夠幫助他人做得更好。當你從執行者轉為領導者時，必須先放下那種「我來比較快」、「我比較會」的思維，否則你很可能會變成團隊裡最大的阻力，而非推動力。

領導需要的不是能力，而是成全

真正的領導者，是願意把機會讓出來、把舞臺留給別人、把資源分給團隊。這不表示你能力比較差，而是你已經準備好把焦點從「我會什麼」，轉移到「我要怎麼讓別人也會」。如果主管總是自己跳下去救火，那麼團隊永遠不會學會滅火，更別說面對真正的挑戰。

案例：最強工程師，卻成為最弱主管

某雲端資料服務公司曾有一位技術頂尖的工程師，因為連續三年專案表現突出，被提拔為技術主管。但升任後，他仍習慣自己動手寫程式、不放心交辦、認為「要快還是我來」。結果半年內團隊信心低落、人才出走，甚至有成員反映：「根本沒有被帶，只是在旁邊看主管寫。」高層介入調整後，讓他轉任技術顧問專職解題，另啟用一位善於引導與合作的中階工程師擔任主管，團隊表現才逐步恢復。

第六節　有能力不代表適合帶人，要學得放下

能帶人，不是多會做，而是願意放

領導者最大的挑戰不是戰術技巧，而是心理位置。你是否能接受「別人做得比你慢」，但過程中會成長？你是否能忍住「不跳下去做」，選擇站在旁邊引導？你是否願意接受「我不是最會做的，但我是最會讓大家做起來的」？這些內在對話，決定你能不能走向真正的帶人角色。

三件你必須放下的事

（1）放下你對速度的焦慮：不再只是追求效率，而是培養團隊的可持續性；

（2）放下你對完美的執念：允許別人錯，才有空間讓他們學會怎麼對；

（3）放下你對舞臺的執著：從聚光燈下退一步，讓別人走到前面。

升上來不是為了表現自己，而是創造讓別人表現的舞臺

你的價值，不是「你還能做多少」，而是「你能培養出多少人能自己去做」。你不是退出戰場，而是換了位置，用另一種方式為團隊爭取勝利。

小節總結：會做事的人很多，能帶人的是另一種層次

真正的主管不是最厲害的那個人，而是最願意放下手上光環，讓別人站上舞臺的人。從「做給你看」到「看著你做」，是一條需要自我修練與角色認知的路。學得放下，才真的接得住團隊。

◇第三章　升遷後，不能只會做事：從自己好，到帶人好

第七節　支援下屬，不是取代他們

真正的支援，是讓他們學會站起來，而不是你去扛起來

很多主管在下屬遇到問題時，第一個反應是「我來幫你做完吧」，看似善意，實則削弱對方的成長動能。領導不是代勞，而是支援；不是取代，而是強化。你真正要做的，不是把事做完，而是讓下屬有能力做下去。

幫太多，會讓團隊弱掉

當一個主管總是在關鍵時刻「救援」，團隊成員會逐漸依賴，不再思考、不再主動，更不敢承擔風險。久而久之，整個團隊變得只會「發問」、「等待指令」，卻無法「自我判斷」、「獨立完成」。主管不小心成了整支隊伍的替身演員，而不是教練或引導者。

案例：主管每次都幫補，團隊失去肌肉

某大型電信公司的客服部門主管，為了維持顧客滿意度，經常在員工處理棘手案件時，直接接手處理。一開始成效良好，但漸漸地，員工只要遇到問題就把案件轉給主管，客訴越來越集中到他身上。主管雖然效率高，但也開始出現過勞症狀，且團隊表現原地踏步。後來經部門內部調整，主管改為在案例後進行回顧會議，讓員工自己處理、事後一對一檢討，團隊才開始逐步提升處理力與自信。

第七節　支援下屬，不是取代他們

支援的正確方式，是「陪著做」而非「搶來做」

一個會支援的主管，不是取代下屬完成任務，而是在他迷失方向時拉他一把，在他做錯時協助他釐清原因。以下是幾個實用的支援技巧：

- 先問他會怎麼做，而不是直接告訴他怎麼做
- 給出參考路徑，但不指定唯一做法
- 設定檢查點，提供回饋但不代替收尾
- 針對失敗結果討論學習，不是責備與接手

支援不是手伸過去，而是信任給出去

主管要相信，每一次讓下屬自己處理的機會，就是一次學習與累積。你不能總在他要跌倒時衝過去抱住，而是要讓他知道你在旁邊，看著他、撐著他，但路是他自己走的。

小節總結：你越想幫他做，他就越不會做

帶人不是幫人完成任務，而是幫人變得能完成任務。真正成熟的主管，是懂得在該出手時出手、該放手時放手。支援不是出於焦慮的補位，而是出於信任的陪走。你陪得對，他就走得穩。

◇第三章　升遷後，不能只會做事：從自己好，到帶人好

第八節　每個人都要舞臺，也需要後援

不只是要人上臺，也要有人撐臺

在帶團隊時，許多主管都重視「給人表現機會」，但卻常忽略一件事：光有舞臺不夠，還要有人在背後穩住、支撐、輔導。每個人都想有機會上場，但不是每個人一開始就能站穩。好的主管，會在安排舞臺的同時，也設計好後援結構，讓團隊成員不會「出場即崩潰」，而是在安全中逐步成長。

舞臺沒有後援，只是被推出去承擔風險

讓一個人負責專案、上臺簡報、主持會議，當然是發掘潛力的好方法。但如果這些任務背後沒有教練式引導、反覆演練或準備資源，這個舞臺反而會變成一種壓力與檢討現場。真正的舞臺安排，不該是「給你機會自己去扛」，而是「我讓你站上來，但也在你背後站著」。

案例：機會給了，但支援沒跟上

一家企業顧問公司曾安排一位新進顧問在半年內主持兩場對外簡報，原以為這是展現潛力的好時機，結果因為簡報結構不穩、回應客戶問題時顯得慌張，導致評價不佳。後來主管在第三次簡報前，改用「一週兩次模擬演練」並提供一位資深同仁擔任預演聽眾，第三場表現才明顯提升。這讓主管深刻體會：「沒有配套的機會，只會變成壓力或負擔。」

四種後援機制，幫人穩住舞臺

1. 任務陪走人選
每位新接任務者都配對一位能協助釐清方向與盲點的內部教練。

2. 練習前置空間
預留時間讓成員事前模擬、預演與討論，而非臨時上場。

3. 即時回饋機制
任務中設立中段檢查點與回饋空間，避免「做完才知道錯哪裡」。

4. 失誤容忍條件
釋出失敗容許度，例如「這場主要讓你試看看，出錯我會接手收尾」。

這些制度不僅穩定新人的學習曲線，也讓團隊知道「主管是讓我成長的後盾，不是丟包的上級」。

舞臺不是戰場，是培養場

真正的主管不只是挑人上陣，而是安排好戰術、建立支援系統、讓表現者在過程中學會怎麼站穩腳步。當一個人知道「我背後有人在」，他才有勇氣在前方放手一搏。

小節總結：給舞臺也給支撐，才能真的帶出人

機會本身不是壓力源，沒有配套才會變壓力。主管帶人要記得，讓人表現，不是讓人冒險；安排任務，不是推出去看表現。舞臺的價值，在於讓人被看見，也能被守住。

◇第三章　升遷後，不能只會做事：從自己好，到帶人好

第九節　團隊動起來，才是真正的升級

升遷不是你做得更多，而是你能讓更多人動起來

有些主管升上去後，仍然習慣「事事親為」、「自己衝第一」，覺得只有自己動才有安全感。但實際上，主管的升級並不是能力更強，而是要讓影響力擴散出去。真正有價值的升遷，是團隊整體戰力因此而上升，而非你個人變成超人。

團隊會動，代表你領導有成

一個主管帶得好，團隊表現應該是多點開花，每個人都知道自己該做什麼、可以問誰、該怎麼推進，而不是「什麼都要等主管」、「主管沒來就沒進度」。當團隊能自動化運作時，主管就能抽身去做策略性任務與成長性的挑戰，而不是淪為大型客服或專案總機。

案例：從主管一人動，到團隊全員動

一家中型生技公司，原本行銷主管每日親自確認企劃、審核內容、追蹤進度。雖然短期有效率，但整體成員開始「等待派工」，導致創意停滯。主管後來與顧問合作，導入「行動週會制」：每人需在週一主動報告本週目標與進度，主管僅以教練身分提問與回饋。三個月後，團隊不但產出穩定，還主動提出行銷優化提案。主管反思：「我放掉每天『做什麼』的指令後，他們反而動得更快、更穩。」

要讓團隊動起來，主管要先做到這三件事

（1）設目標不是定任務：明確方向與期待，但讓人設計做法與流程；

（2）聚焦問題而不是解法：你該問的是「你怎麼看這問題」，而不是直接下解方；

（3）創造節奏而不是抓進度：透過定期對話、成果分享、角色輪替等方式，建立持續前進的節奏。

這三項行為能慢慢讓團隊從「等命令」轉向「自己前進」。

團隊動起來，主管才會升得穩

你不需要成為團隊最聰明的那個人，但你需要成為讓每個人都發揮得出來的那個人。當你的升遷帶來的是整個系統升級，而非壓在你身上的任務倍增，這才是真正的領導升級。

小節總結：你升遷，是為了讓別人也能進步

主管的進階不是看你能多會做，而是看你能讓多少人動起來。帶出團隊的主動性與穩定性，才是升遷的價值指標。你一個人會跑不算什麼，整隊一起前進，那才是升上來的意義。

◇第三章　升遷後，不能只會做事：從自己好，到帶人好

第十節　懂得放人發光，是主管的進階表現

真正的主管，不搶光，而是幫別人亮起來

有些主管習慣把功勞留給自己，舞臺站得穩、報告自己講、專案成果自己匯報。但這種「聚光燈管理法」到最後，團隊只會變成背景。真正進階的主管，不是站在最前面，而是讓團隊成員有機會站出來，甚至能取代自己的位置。你愈懂得讓人發光，整隊才會發亮。

放人發光，不是讓人搶你位置，而是讓團隊有續航力

主管常會害怕「帶出的人變強，會威脅到自己」，但事實是，如果你能讓下面的人強起來，代表你已具備了「系統複製與養成」的能力，也才有機會往上走，承接更高層級的責任。真正會升遷的人，不是最閃耀的，而是最能帶出亮點的人。

案例：讓新人主持成果簡報，成為部門文化

一家大型科技公司，在內部專案成果簡報會上，原則上由專案主持人簡報，而非主管。起初，某位資深主管習慣親自上場，後來在一次部門檢討會後，他決定轉讓舞臺給專案負責人。結果不僅提升了下屬的責任感，也讓新人更快學會溝通與提案。幾年下來，這個文化成為該部門的慣例，主管自己則專注於策略引導與跨部門協調，進一步升任區域總監。

第十節　懂得放人發光，是主管的進階表現

主管的三種「放人發光」行動策略

（1）建立貢獻曝光機會：讓成員在公開場域簡報、主講、交接任務，獲得被看見的舞臺；

（2）主動提名他人功勞：在部門會議或高層報告中點名表現者，傳遞「主管不是搶光」的訊號；

（3）給角色也給信任：當對方承接任務時，不只是交辦，而是賦予主導空間與犯錯緩衝。

這三種做法，是把帶人升級變成日常，而不是只在考核季節裝裝樣子。

你能放幾個人上來，就代表你能走多遠

升任主管後，不再是自己能做什麼，而是你能讓多少人站上臺、撐住任務、傳承經驗。你放得愈多，底座就愈穩，整個組織的高度也就更可能拉起來。

小節總結：你發光很厲害，你讓別人發光才厲害

當主管的最高段位，不是把自己變得不可取代，而是讓團隊裡沒有人不可或缺，人人都能撐住一角。那時候你才真正有資格晉升，也有餘裕挑戰更高的位置。你不怕被取代，你在創造下一個能量核心。

◇第三章　升遷後,不能只會做事:從自己好,到帶人好

第十一節　位置擺對,比換人還有效

問題不一定出在人,而可能出在位置

當團隊出現績效不佳、合作卡關、情緒摩擦等狀況時,許多主管第一時間會想:「是不是這個人不適任?」但實際上,問題往往不是人不行,而是位置不對。一位再有潛力的人,放在不對的任務、角色或節奏裡,也可能無法發揮。換人容易,但調整位置才是更有效的策略。

你缺的不是新血,是布局

領導者如果只靠「補新兵」來解問題,等於每次都在重來。真正成熟的團隊經營,是透過觀察與對位,讓現有的人發揮最大價值。有時候,只要微調職責範圍、合作搭配、匯報路徑,就能讓原本卡住的人順起來。這種調整比起重新招人,不但快速、低風險,也更容易贏得團隊信任。

案例:從問題成員到關鍵支點

某連鎖零售公司中,一位資深營運同仁在分店擔任店長時績效平平、人員流動高,被列為「問題人選」。原擬調職,但人資主管提出轉任內部訓練講師的建議,理由是該員工在跨店支援時的教學與輔導表現反而獲得好評。調整後,他成為新進店長培訓負責人,不僅穩定了人力養成系統,也成為跨區整合的重要窗口。這讓主管深刻理解:「不是他不行,是我一開始就放錯位置。」

第十一節　位置擺對，比換人還有效

四個位置判斷維度，幫你找對人、配對位

1. 技術性 vs. 合作性任務偏好

有些人擅長獨立處理，有些人則適合引導與整合。

2. 內向 vs. 外向職能需求

如簡報、客戶、談判就適合外展型人才；資料分析、編輯、品質控管則可用深度職人。

3. 穩定 vs. 開創型任務特性

穩定者適合維運、制度化任務；開創者適合打樣、新案推動。

4. 學習歷程與應對壓力方式

有人需要多一點適應期，有人則能在高壓中創造爆發力。

透過這些觀察，你就能判斷「是不是該換位置，而不是換人」。

人適合做什麼，比他做得怎樣更重要

主管真正的任務不是評論誰好誰不好，而是要看出「這個人在哪個位置會最好」。人資策略的本質，就是資源分配；你看得清位置特性與人之適配性，才能讓團隊真正高效運作。

小節總結：放對位置，比再換一個人更快見效

一個成熟的主管，不急著汰換人，而是懂得優化布局。換人是短解，擺位才是長策。真正會用人的人，不是找誰最強，而是看誰放哪裡最剛好。

◇第三章　升遷後，不能只會做事：從自己好，到帶人好

第十二節　做事好不如帶人好，升了才站得穩

你再會做，也無法替整隊做完

升上主管，有些人還是用「自己表現」來證明存在感，事事衝第一、任務攬最多。短期看似效率，長期卻是隱性崩潰的起點。你做得再好，也只能完成你一個人的量；但如果你會帶人，整個團隊就能完成倍數的成果。會做事，是基礎；會帶人，才是讓你站穩主管位的真正本事。

主管不是超級執行者，而是組織放大器

一位成熟的主管，目標不再是「自己完成多少任務」，而是「我怎麼讓大家更有戰力」。這意味著你要花更多時間觀察人、設計任務結構、規劃合作節奏，並為每個人建立學習與進步的機會。真正高階的領導者，做得少，卻讓整隊產出更多。

案例：升上來卻站不穩，卡在自己強

一家新創媒體公司，一位原本內容產出一流的編輯，在升任內容總監後，仍堅持所有標題、主軸、寫法都親自決定。短時間內品質穩定，但部門內其他編輯逐漸變得依賴與被動。後來公司引進外部顧問進行協助，該主管才意識到「我以為自己在控品質，其實是在卡住別人成長」。調整後他學會放手設計流程、安排主筆輪值、建立內容共識，團隊不只品質維持，還出現多元風格，最終自己也獲升至營運主管。

升遷後的四大能力轉換

(1) 從親力親為→規劃分工架構

(2) 從交辦任務→設計責任空間

(3) 從掌握節奏→創造前進節奏

(4) 從交出結果→培養產出者

這些能力，不在職務說明裡，但卻決定了你能不能站穩主管這個位子。

團隊有產能，你才有升遷的底氣

企業不會只因為你一人做得好就讓你升官，而是看你能否讓十個人變強。當你帶出的團隊能獨立運作、有明確產出、彼此互補合作，你不只升得穩，也更有機會轉向策略與橫向發展。

小節總結：會做事，是升上來的條件； 會帶人，是站得住的能力

你升上來，不是為了繼續拚自己，而是要開始成就別人。帶得起隊伍、放得出節奏、撐得住節點，這些能力，才是真正讓你穩穩走得長的核心。

◇第三章　升遷後，不能只會做事：從自己好，到帶人好

第四章
會說才會帶：
主管的話說對了，人才願意跟

◇第四章　會說才會帶：主管的話說對了，人才願意跟

第一節　當主管說話會變成大家的默認規則

主管一句話，就是團隊的風向

一位主管說：「這件事我們先撐著做吧。」表面上是安撫，員工可能就默認「再難也要硬撐」；如果主管說：「不要太計較，做就對了。」團隊就可能默認「細節不重要，交差即可」。領導者的每一句話，其實都不只是話，而是一種信號、一種價值觀的傳遞。

話說出口，規則就跟著落地

組織文化很多時候不是寫出來的，而是被說出來的。主管的一句隨口評論，可能就變成團隊默認的「潛規則」。例如：「上次加班大家都撐過了，這次也一樣吧。」可能會形成「不加班不盡責」的文化；又或是「誰有事就先扛一下」，聽久了會變成「願意扛的人永遠被多扛」。

案例：一句話，改變部門風氣

一家科技製造公司的部門主管，在一次產品延遲時，對同仁說：「我們不怪誰，但這次我們一起面對，下一次要改進。」這句話不但穩住士氣，也讓部門後來建立起主動檢討與負責的機制。相反，過去另一位主管常說：「這種錯怎麼會犯？這能原諒嗎？」導致團隊常互相推責、報告保守，士氣長期低迷。語言決定氛圍，也默默決定制度。

你怎麼說，大家就怎麼想、怎麼做

主管說的話，會直接或間接被轉譯成行動標準，例如：

- 「我們這次目標不能輸」→可能被理解成「過程不重要，只要贏就好」
- 「要對主管有交代」→可能被誤解成「向上管理比團隊合作重要」
- 「這次不出錯最重要」→團隊可能只敢選保守方案、不敢創新

如果不察覺話語背後傳遞的訊號，很容易無意間塑造出你不希望看到的文化。

領導語言的三項自我檢查

(1) 這句話會讓大家聚焦什麼？績效？責任？情緒？還是合作？

(2) 說這句話是為了安撫？推動？還是怕面對？

(3) 這句話如果被當作常態行為標準，會產生什麼結果？

這三問可以幫你在每次開口前，多一層意識。

小節總結：主管的話，就是文化的開場白

你說的不是一段話，而是一個方向。下屬會從你說什麼、怎麼說、什麼時候說，決定什麼是被鼓勵的，什麼是被默許的。話說對了，團隊會自己對齊；話說錯了，規則就會歪掉。

◇第四章　會說才會帶：主管的話說對了，人才願意跟

第二節　講得清楚，比說得漂亮更重要

華麗的話術，不敵清楚的交代

不少主管在溝通任務時，會不自覺想「講得有氣勢一點」、「讓人感受到我在帶動氣氛」，結果內容不夠具體、指令模糊，團隊聽完不懂要怎麼動。比起漂亮的話術，清楚的內容才是關鍵。帶人最重要的是講得讓人懂。

員工最怕的不是要求高，是「你講不清楚」

當主管說話繞圈子、語意不明，最常見的反應是：員工表面點頭，心裡一問三不知。這會導致團隊執行偏差、結果走樣，還讓員工不敢問、怕問錯，最終只想「先撐過今天再說」。一個講得不清楚的主管，看起來很有氣場，實際卻造成資訊落差與責任模糊。

案例：說得好聽，卻讓專案大誤解

一家綠能科技公司，在推動內部轉型時，主管對團隊說：「我們這一季的目標，是成為業界的轉型標竿，流程創新、效率提升是我們的核心追求。」結果每個部門自行解讀：行銷部著重品牌形象、工程部強化系統升級、人資部著手組織重整，最終資源分散、合作斷線。後來該主管重整說法，明確訂出三大具體成果與時間點，團隊才開始對齊方向。

清楚表達的三個層次

(1) 目標說清楚：到底要做到什麼？用什麼衡量？

(2) 角色分清楚：誰主導？誰合作？誰最後負責？

(3) 時程講清楚：什麼時候做完？中間幾個檢查點？

主管講得清楚，才有辦法讓每個人站對位、動得順、接得穩。

話術不用多，重點要落實

別再想用「激勵語言」、「宏大願景」來撐住溝通現場。多數人真正需要的，是知道自己現在要做什麼、為什麼這樣做、做完之後怎麼交代。你愈能用白話解釋清楚，大家就愈有信心往前動。

小節總結：會說話不難，難的是說得讓人聽得懂

帶人不是表演，而是傳遞。你的語言要能被拆解為行動、能被記得、能被跟上。講得漂亮是氣氛，講得清楚才是行動力的根本。

◇第四章　會說才會帶：主管的話說對了，人才願意跟

第三節
溝通不是下指令，是聽得懂彼此在說什麼

溝通不只是「我說了」，而是「你真的懂了嗎」

很多主管以為只要把話說出去、任務交代清楚，就算完成溝通。實際上，溝通的真正目的不是「我說過」，而是「你聽懂」與「我們對得起來」。當你說得多、聽得少，會讓團隊只聽得到命令，卻接不到共識。

不會聽，就無法真正理解彼此在想什麼

有些主管話語權強大，卻欠缺聆聽習慣，導致下屬內心擔憂、誤會、甚至反感卻無從表達。這不只會讓任務進度卡關，也會影響情感連結與信任感。好的溝通不是單向灌輸，而是能讓雙方都安心說話，也願意真誠回應。

案例：只下指令，沒聽回應，讓團隊流動率飆高

一家外送平臺的新進營運主管，剛上任時為了加速流程，每天開會都是「我說你記」、「照這個流程走」。一開始效率似乎提升，但幾個月後團隊開始有人抱怨工作不被理解、建議沒人聽，甚至因溝通挫敗導致離職。後來主管重新安排會議時間，增加回饋時間與匿名意見箱，並在每次交辦任務前先詢問「你怎麼看」，才慢慢找回團隊互信與參與感。

溝通不只是「說」，還包括三件事

（1）確認理解：讓對方複述一遍，或請他用自己的話解釋；

（2）聽出情緒：留意語氣、停頓與表情，背後藏有的訊號往往更重要；

（3）鼓勵提問：建立「問沒關係」的氣氛，讓疑問能早一點被處理。

這些不是技巧，而是主管日常的一種態度：你願不願意相信，對話值得多花一點時間。

領導者越忙，越不能少了傾聽

主管有越多事情要處理，越容易覺得「不要廢話快說重點」，但往往重要的誤會、隱藏的壓力、未爆的衝突，就藏在你沒聽完的那幾句裡。你越能花心力去聽懂別人在說什麼，團隊才能更快跟得上你說的方向。

小節總結：你說得再多，不如真的聽懂一次

真正的溝通，不是指令清單，而是意圖對齊。你講得快沒用，聽得準才有力量。讓團隊知道他們的聲音被接住，他們才會願意跟你一起走。

◇第四章　會說才會帶：主管的話說對了，人才願意跟

第四節　開會講重點，不要繞圈子

一場沒聚焦的會議，是最浪費人力的場景

不少主管習慣「多講一點才安心」，結果會議開了一小時，卻沒人知道結論是什麼。開會不是在表演你講得多厲害，而是要讓大家知道該怎麼動。當開會缺乏重點、訊息模糊、彼此繞圈，參與者會開始「身體到場、靈魂出走」，久而久之，團隊會失去開會的耐性與信任。

說話不聚焦，團隊動不了

開會不只是「有講就好」，而是「讓人聽完能立刻行動」。如果會議內容沒聚焦在重點目標、具體指標與清楚行動，與會者就容易記得情緒、忘記任務。主管講話繞圈，團隊就只能原地打轉。

案例：會開很多、事沒推動

某數位行銷公司一位中階主管，每週固定召開專案會議，但每次都花很多時間講背景、提過去的案例、討論他個人的看法，導致開會後大家各自解讀方向，事後還要再開一次確認。後來公司導入「3 分鐘回顧、7 分鐘決策」會議架構，每次只聚焦一個議題，限定發言時間，才讓專案推進速度提升。

有效開會的三個重點步驟

（1）事前先丟會議資料：讓大家進場前有基本理解，節省講解時間。

（2）每段都要有決策目的：不是為討論而討論，而是要定出「要不要」、「怎麼做」或「誰負責」。

（3）結尾一定有行動摘要：要讓每個人知道會後要做什麼、什麼時候完成、怎麼回報。

這些原則看起來簡單，但卻是多數主管最容易忽略的會議基本功。

聚焦，是對團隊最直接的尊重

當你願意在會議中講重點、聚焦行動，其實是在告訴團隊：我尊重你們的時間、信任你們的理解力、重視這場對話的效率。這樣的氛圍，也會讓團隊成員更願意投入、發言與承擔責任。

小節總結：開會不是開場秀，而是讓人聽完就知道怎麼動

你開會怎麼說，團隊就怎麼做。講重點，是讓決策落實、讓行動明確的第一步。少一點拐彎抹角，多一點聚焦，你的領導力也會在這些細節中被看見。

◇第四章　會說才會帶：主管的話說對了，人才願意跟

第五節　衝突不是壞事，關鍵是你怎麼處理

衝突不是問題，冷處理才是

在工作現場，意見不合、情緒起伏、責任分歧，本就是常態。真正會帶人的主管，不是避開衝突，而是懂得處理衝突。把衝突當成地雷，只會讓團隊悶出內傷；把衝突當成轉機，才是讓關係成長與制度優化的機會。

不處理的衝突，會變成更大的問題

有些主管不喜歡對立場，不想碰人際摩擦，選擇「先拖」、「看會不會自己過去」。但越是沒處理的情緒、沒說清的責任，就越容易變成暗潮洶湧的壓力場。衝突不會自動消失，只會變得更難解。

案例：一次沒處理的衝突，換來兩個部門對立

某物流公司的營運部與客服部在一項配送流程中發生爭執，主管當下沒有即時召開協調會，只是各自安撫雙方。結果兩個部門接下來幾個月持續互不信任、資訊不共享，造成作業效率下降與顧客滿意度流失。後來在高層介入、共同檢討流程並設立跨部門例會後，才慢慢恢復合作機制。

面對衝突的三個處理心法

(1)先處理情緒，再處理事情：先讓對方感受到被理解，而不是急著講道理。

(2)聚焦問題，不貼標籤：不要說「你這個人怎樣」，而是問「我們要怎麼解這個問題」。

(3)釐清立場與目的：弄清楚每個人真正在意的是什麼，才能找到共識交集。

主管的態度會決定團隊學會「逃避」還是「對話」。

衝突本身是訊號，不是錯誤

有衝突代表有人在意、有人願意表達，這本身是組織活力的證明。真正有韌性的團隊，不是從不吵架，而是吵完後可以繼續一起走。主管若能引導衝突成為建設，就能把火氣變成推進力。

小節總結：不是怕衝突，而是會處理衝突

你越會處理摩擦，團隊就越不怕說真話。衝突不是領導力的危機，而是你能否建立信任的試煉。處理得好，就是團隊升級的起點。

◇第四章　會說才會帶：主管的話說對了，人才願意跟

第六節　批評要顧對方的臉，也要顧團隊的氣氛

指正不是踩人，是幫人站起來

批評是領導中無法避免的一環，但怎麼說，差別很大。你說的話如果太直接、太刺耳，會讓人當場掛不住臉；太含糊、太繞彎，對方又聽不懂你要表達的問題。真正有能力的主管，能在說出問題的同時，也保留對方的尊嚴，還能維持團隊的整體信任感。

當眾羞辱，不會提升表現，只會打壞信任

有些主管習慣在會議上直接點名錯誤，或用嘲諷語氣指出疏失，以為這樣能加強印象、逼迫改進。但實際上，當眾指責會讓對方感到難堪、不被尊重，甚至在團隊中產生「誰會是下一個」的緊張氣氛。久而久之，團隊會變得保守、畏縮、不敢嘗試。

案例：一句公開指責，讓新人變沉默

一家電子零組件公司中，一位新人在例行報告中數據誤植，主管當眾說：「你這個資料做成這樣也敢報告？」結果該員工事後幾週在會議中都不再發言，連主動提案也明顯減少。後來部門資深員工私下反映：「不是不努力，是害怕再出錯。」主管之後改為私下討論錯誤原因，並在下次會議中強調「錯誤可修正，重要的是願意面對」，才慢慢修補團隊氛圍。

建設性的批評，需要顧三件事

（1）時間點要對：私下談會比當眾批來得有修復空間。

（2）語氣要穩：別讓情緒帶走內容重點，用事實和行動為主軸。

（3）目的要明確：是要改進、提醒、還是引導？講清楚才能產生行動。

主管的話語，不只是對當事人說，更會影響在場所有人的安全感。

延伸觀察：團隊氛圍會被主管情緒定調

除了當下的批評技巧，主管的整體語氣、對錯誤的態度也會潛移默化影響團隊。例如主管若習慣將錯誤連結到「人格否定」，如說「你是不是根本不適合這份工作？」這種語言會讓團隊陷入防衛與恐懼；但若習慣說「我們來找找看哪邊可以做得更好」，團隊則會習慣正向修正的節奏與語氣，形成學習型文化。

補位式批評：指出問題也給資源

有經驗的主管會在批評後附上支援資源，例如：「這部分我覺得你還沒到位，建議這週先和某某同事一起 review 流程」，或「你遇到這種錯誤時，下次可以先跑一遍 checklist」。這樣的做法讓批評不只是壓力，也是成長的起點，團隊會知道錯誤不是終點，而是改進的機會。

不只是技巧，是文化的選擇

你怎麼批評，反映了你相信什麼樣的帶人方式。你是用壓力逼表現，還是用理解促進提升？你是讓錯誤變成分裂的理由，還是當作共同

◇第四章　會說才會帶：主管的話說對了，人才願意跟

進步的契機？主管每天說的每一句話，其實都在形塑文化，而批評是其中最敏感也最有力量的環節。

> 小節總結：批評不是羞辱，是引導成長

　　你說出口的每一句話，都在建立團隊的文化。你越能批得對、說得穩、顧得住關係，團隊就越敢動、敢嘗試。會帶人的主管，是能指出問題，也能給人臺階下，讓人願意站起來再拚。

第七節　一對一聊，比群體訓話更有效

群體訓話只會讓責任模糊，個別對話才有改變空間

很多主管在出現問題時，選擇在團隊會議中「講給大家聽」。但這樣的群體訓話常常會讓真正需要被提醒的人聽不進去，沒犯錯的人卻感到被波及，最後變成全員防衛、沒人領情。真正有效的溝通，是點對點、一對一的交流，才能對準問題、顧到感受、修正行為。

集體說，只能講氣氛；個別談，才會改行為

開會時說：「最近大家效率有點慢」，但其實主管心裡指的是特定一、兩位同仁。這種話語模糊，既無法讓問題對焦，也讓整體氣氛低落。相反，若私下與當事人對談，說：「我注意到你這兩週的產出比前一個月少，發生什麼狀況？」對方比較能打開心房，也願意面對與改善。

案例：會議罵一輪，卻沒人改進

一家網路電商公司，一位主管在季度營運會議中，因為客訴率提升，在全體同仁面前說：「大家最近是不是都太鬆懈了？是不是覺得客訴不重要了？」結果團隊氣氛凝重，會後無人主動反應。之後主管改為在週三固定進行一對一短談，從客服第一線人員開始了解系統問題、回應流程、教育資源，才逐漸找到根因與解方，團隊氣氛也明顯改善。

◇第四章　會說才會帶：主管的話說對了，人才願意跟

一對一對話的四個關鍵原則

1. 開場要有誠意，不是盤問

例如「我想聽你怎麼看這次的狀況」比「你為什麼沒做好」更容易開啟對話。

2. 釐清現況，不做過度推測

請對方描述經過與觀點，而非直接下結論或情緒指責。

3. 共識下一步，而非只有下指令

問「你認為可以怎麼調整？我可以幫你什麼？」才能形成共同目標。

4. 事後追蹤與鼓勵，讓修正有循環

不是談完就算，而是安排回顧或小提醒，強化行動意願。

私下談，才能顧住尊嚴與修復信任

面對面談話，是主管修補關係、重建信任的最佳時機。你若願意放下權威，用「想了解」的態度走進對方視角，不僅問題更容易釐清，也更能帶出對方內在責任感。被理解的人，比被指責的人更願意改變。

小節總結：一對一，才有真對話

群體指責是放話，個別對話才是帶人。會罵不難，會聊才關鍵。當你願意花時間個別面對、耐心理解、共同找解方，你帶的就不只是事情，而是人。

第八節　先聽完再說，才能講到重點

沒聽完，就開罵，是最容易誤判的地雷

很多主管在還沒聽完整個狀況前，就急著下定論、發表意見。結果往往誤會對方原意、錯判事情全貌，還容易造成對話破裂。聽，是領導者溝通的起點。你先讓對方說完，才有可能說得準、說得對。

你愈能完整聽懂，就愈能對應真問題

有些問題表面是進度落後，背後可能是流程設計不合理；有些情緒看起來是抗拒，其實是因為沒被說明清楚。主管若沒有耐心聽，就會把現象當成結論，錯失修正根本的機會。

案例：一個打斷式溝通，斷了同仁的動力

一家人資顧問公司裡，一位資深主管聽完報告不到兩分鐘，就打斷下屬說：「這方向不對，全部重來。」結果當事人後來坦承其實原本簡報有補充前因與數據比對，尚未講完就被否定。那次之後，該名員工在未來兩次簡報都顯得緊張與拘謹，甚至刻意避開深入討論。主管後來修正方式，要求簡報時自己筆記不插話，聽完才總結回饋，才逐步修復彼此互動。

三種「先聽完」的方法，幫你提升理解深度

1. 沉默三秒法

對方講完先停三秒再回應，避免立刻插話，讓他補充觀點。

◇第四章　會說才會帶：主管的話說對了，人才願意跟

2. 引導式提問

問「你認為這樣做的原因是？」或「背後考量有哪些？」代替「為什麼你這樣做」。

3. 重述確認

在回應前，先說「所以你是說……我理解的對嗎？」確認資訊沒有誤解。

這三種技巧會幫助你抓到真正的重點，而不是只看到片段。

耐心傾聽，是信任的前提

主管願意把嘴閉上，才是讓關係開口的開始。當下屬發現你是真心在聽、在懂，他就會給你更多線索、更完整的資訊，也更願意配合與討論。領導不是話說得多，而是看你能聽多少真話。

小節總結：聽夠了，才說得對

你以為在表達，其實是在遮蔽；你願意傾聽，才有機會對準。先聽完、再說話，不只是技巧，而是一種尊重、一種判斷、一種讓人願意跟著走的領導力。

第九節　太直接或太含糊，都會出問題

一句話沒拿捏好，團隊就開始誤解或防衛

說話太直接，會讓人受傷或失去信任；太含糊，則讓人無所適從、不知所措。領導不是把話講出去就好，而是講到對方能聽、願聽、懂得做。語氣與語意的平衡，是領導者最實用卻最常忽略的基本功。

太直的人，以為快說快辦，卻忽略情緒反彈

有些主管認為「我只是實話實說」，但忽略說話時的語氣、場景與對象心理。這種話雖然快，但若方式不當，會讓人覺得被責備、被否定，導致防衛、抗拒，甚至拒絕合作。這類話語可能會變成長期的情緒負債，讓團隊成員失去安全感，甚至影響團隊合作氛圍。

含糊的人，以為委婉，結果變成沒重點

另一種主管則擔心得罪人，講話繞圈、不清不楚，導致任務指示模糊、標準難以落實。員工只能靠猜測來理解主管的意思，效率低落、責任難歸，也讓團隊士氣下滑。太過委婉還可能讓對方誤以為「這沒那麼重要」，導致錯誤持續發生。

案例：一句太直的批評，讓人直接離職

一家出版公司裡，一位資深編輯在審稿後，直接對新人說：「你寫的這篇一點價值都沒有，改也沒救。」原本只是想表達方向偏差，但話語太

◇第四章　會說才會帶：主管的話說對了，人才願意跟

重，導致該新人感到受辱並在兩週後遞出離職信。主管事後坦言：「我只是太急了，沒想過他會那麼在意。」這件事後來成為團隊內部的溝通轉捩點，全體重新設計內部語言指導原則，包括「不貼標籤，只談內容」、「給建議要有替代方案」、「批評前先重述對方觀點」等，成為新任主管的溝通訓練材料。

精準說話的三種調整法

（1）先想受話者心理狀態：對方是初學者還是資深？是失誤還是創新偏誤？語氣要配對方狀態。

（2）以事論事，不連結人格：說「這個提案邏輯需要補強」比「你怎麼會這樣想」更能引導修正。

（3）講出標準，也說明原因：例如「我們這邊對排版有三項基本要求，是為了讀者閱讀流暢」。

領導語言，是建構制度與信任的雙軌

說話太直，破壞關係；太繞，破壞制度。主管的話語，若能夠既表達立場又顧到情緒，就能在建立行動共識的同時，維繫組織信任感。這是長期運作中最不可或缺的影響力來源。語言是文化的載體，也是價值觀的展現方式。

延伸建議：練習正向改寫，讓批評更有建設性

舉例來說，當你想說「你這個版本完全不行」，可以改為「這個版本距離需求還有差距，我們來一起看看哪裡可以強化？」這樣不僅保有修

正力,也開啟討論空間。再如「你做事怎麼那麼慢」,可以說成「我們一起想想看,有沒有什麼方法能讓你更順?」如此不僅語氣溫和,還能激發對方主動提出調整策略。

小節總結:講話要準、要穩、要能帶得動人

你說得對,事情才會對;你說得剛好,團隊才會願意動。不要高估語言的力量,也不要低估語氣的影響。語言不只是溝通工具,更是你日常領導力的載體。每一個字句的選擇,都是團隊信任與行動力的種子。

◇第四章　會說才會帶：主管的話說對了，人才願意跟

第十節　認真說謝謝，比獎金還有力

激勵不是只有物質，真心肯定更能打中人心

在許多組織中，「謝謝」常被視為客套，或被忽略。但其實一句真心誠意的謝謝，往往比一筆獎金、一張禮券更能打動人心。人之所以願意付出，不只是為了金錢回報，更渴望被看見與被肯定。當主管認真地說一句謝謝，員工會知道：我的努力被放在心上。

真誠的感謝，讓人產生內在動力

心理學家愛德華‧迪西（Edward Deci）與理察‧瑞安（Richard Ryan）提出的自我決定理論指出，人們的動機來源，來自於三大心理需求：自主感、勝任感與關係感。主管的「謝謝」若能強化對方的貢獻感與價值感，就會提升其內在動力，帶來更持久的投入。

案例：一句謝謝，扭轉資深同仁的倦怠

某大型餐飲集團的一位資深門市經理，因長期加班與制度變革感到疲累，逐漸產生離職念頭。有一次，他臨時支援一場臨檢與應變作業，處理得宜。事後集團營運長親自傳訊：「今天真的多虧你，能夠把問題壓住的是你長年的經驗，謝謝你撐住我們的品質。」該名經理事後坦言：「我原本只覺得是分內事，但聽到這句話，我覺得被尊重、被記得，也願意再多撐。」

有效說謝謝的三個技巧

（1）具體描述對方的行動與影響：不是說「辛苦了」，而是說「這次你主動補位，加速了進度，也讓大家壓力減輕」。

（2）選對時機與方式：可用口語、便條紙、公開會議等多元方式，但都要符合個性與情境。

（3）讓謝意變成團隊文化：主管的帶頭示範，會讓成員也習慣彼此表達感謝，建立積極互動氛圍。

謝謝不是多說，而是要說得對

說得多，不如說得準。感謝如果變成口頭禪，反而容易失去力量。真正有影響的「謝謝」，一定是發自內心、符合當下，並能讓對方感覺到「我被認真看見」的語句。主管不需要每次都用很大的語言，只要真誠、聚焦行動、有具體內容，就能產生效果。

認可與感謝，是一種持續性的影響

不同於一次性的獎金或獎品，語言中的肯定可以天天發生，也能深植於團隊氣氛中。若主管能在日常每一個小成就、小補位、小進步中即時給予「我有看到你」的訊號，長期下來，團隊會逐漸內化成「我做的每一步是有意義的」，這種氛圍比任何績效制度更持久。

◇第四章　會說才會帶：主管的話說對了，人才願意跟

被肯定的人，不只願意再做，還會自動投入更多

研究顯示，在被主管認真感謝過的員工中，有超過七成表示願意主動接更多任務，並更積極回饋。這種內在驅動力來自「我不是工具，我是被看見的夥伴」。謝謝不是場面話，而是領導力的細緻表現。

小節總結：一句真誠的謝謝，是最簡單也最深的領導語言

你說謝謝，不是示弱，是展現你知道誰在努力；你願意感謝，不只是建立好關係，更是幫助團隊找到動力。會說謝謝的人，不只讓人留下來，更讓人留下心。

第十一節　主管話講得好，士氣自然就起來

團隊氣氛，從你怎麼說話開始

一位主管說話的方式，其實就在設定整個部門的語氣、節奏與士氣基調。你是常常抱怨還是正向鼓勵？你說話讓人想參與還是想退出？團隊的狀態，常常不是被工作壓垮，而是被語氣壓縮。講話方式會變成氛圍習慣，進而影響整體士氣高低。

主管語氣，是信心與希望的來源

每個團隊都會遇到挑戰，但真正走得下去的，是那種再忙、再累都能保持語氣穩定、清楚且正面的主管。當你講話帶著方向感與穩定度，下屬就能從中感受到「我們雖然辛苦，但不是盲目亂衝」。這份語氣的領導力，能讓人安住情緒、撐過陣痛期。

案例：改變語氣，團隊從倦怠轉向主動

某文創公司原本在開發新產品階段，主管常在晨會中用「我們是不是又拖進度了」、「你們這樣會不會太鬆」等語句提醒團隊，結果成員愈來愈被動、只做基本。後來他調整方式，在會議中改說：「我們現在只要再推一小段，就能超過上一季的紀錄」、「每次看到你們設計的進步，我都覺得離目標不遠了」。兩週後，團隊主動加快流程，甚至提出改良建議。

◇第四章　會說才會帶：主管的話說對了，人才願意跟

提升士氣的話語五原則

(1) 對未來有畫面：例如「我們年底一起看到這個成果會很有成就感」。

(2) 讓貢獻被點名：如「這週 ×× 的細節補得很好，讓整體更穩」。

(3) 對情緒有回應：例如「我知道這段有點悶，但我們的方向是對的」。

(4) 對痛點有體諒：如「流程真的長了些，我們再一起想辦法簡化」。

(5) 說出前進的節奏：如「今天先撐完這一段，週三我們就能收尾」。

這些話語，不需要華麗，但要誠實、有方向、有照顧感。

擴充視角：語言風格會影響組織文化

研究顯示，領導者在公開場合所使用的語言風格會對團隊文化產生深遠影響。若主管經常使用「我們一起」、「可以嘗試」等包含包容性與合作感的語言，團隊成員會更傾向跨部門合作、勇於發言、主動承擔。而長期使用「為什麼你這樣做」、「這是誰的責任」等指責語句，則會產生高壓低信任文化，員工習慣性保護自己、消極應對。

簡單語言，產生長效領導力

一位會說話的主管，不需要每次都演講，也不需要華麗詞藻。簡單的語句，例如「我有看到」、「這就是我們想要的方向」、「你這樣處理真的幫了大家一大忙」，這些話語只要發自真心，就足以成為下屬的動力來源。這些片語看似不起眼，卻會在關鍵時刻支持員工「再撐一下」的力量來源。

話語背後的行動一致性

當然,講得再好,若後續行動不一致,也會傷害信任。因此會講話只是起點,主管更需要在日常決策、行為模式中展現與話語相符的節奏與標準。說「我們重視每個人的努力」,那就要確實讓貢獻被看見;說「這只是短期挑戰」,那就要同步給出時間表與資源。

小節總結:語氣帶節奏,節奏帶士氣

你不是只在講話,而是在設計整個團隊的心理節奏。講得好的人,不見得每次都鼓舞人心,但能讓人信任、安心、動得起來。你一句話講對,就能成為團隊穩住的錨點;你一句話講錯,就可能動搖整隊人的心情。會帶人,先從會說話開始。

◇第四章　會說才會帶：主管的話說對了，人才願意跟

第十二節
帶人會說話，是讓人願意留下來的關鍵

好主管的話，讓人覺得「我想繼續留在這裡」

離職的理由常被歸咎於工作太累、薪資太少、升遷太慢，但實際上很多人離開，是因為「不想再跟這個主管相處」。主管每天說的話，會決定員工的情緒累積、價值認同與歸屬感。你說話的方式，決定了他們要不要留下來。

一句話，決定留或走的感受轉折

例如同樣的工作壓力，一位主管說：「你再加把勁，我挺你。」與另一位說：「你這樣也太慢了吧。」前者讓人咬牙撐住，後者讓人想遞辭呈。你可能只是表達意見，但對員工來說，是生活壓力中的關鍵溫度差。帶人會不會說話，影響的從不是短期效率，而是長期留下來的理由。

案例：一句話留住人才，一句話逼走中堅

一家醫療科技公司裡，一位中堅工程師因專案連續被打回修改，私下向主管表示有點疲憊。主管說：「你是不是還不夠格接這種案？」這句話讓他當天就開始更新履歷。另一位部門主管得知後，主動找該工程師一對一對談，說：「我知道這案子很硬，我們會一起撐過，不會讓你一個人扛。」最後該工程師選擇轉入該部門，三年內接下三個重要專案，還被公司提名為核心訓練員。

第十二節　帶人會說話，是讓人願意留下來的關鍵◇

留人的語言，有四個關鍵元素：

(1)信任的暗示：例如「我覺得你處理這件事很有你的邏輯」。

(2)投入的認同：如「我知道你最近真的很努力，我們都有看到」。

(3)關係的連結：例如「這個階段有你真的很重要，我一直記得」。

(4)未來的畫面：如「這件事結束後，我想讓你試試另一個更高難度的挑戰」。

這些句子不只是對話，而是讓人決定「我還想留在這裡」的心聲鋪陳。

帶人的核心，是讓人覺得有價值、有空間、有方向

不是每個人都要被稱讚，但每個人都想被理解與認可。主管如果能在日常語言中自然傳遞「我在看見你」、「你是團隊的一部分」、「我們會走得更遠」，員工會更有歸屬感、忠誠度與韌性。留下來，不是因為這份工作好，而是因為這個關係值得。

話語養文化，文化留人才

當團隊中處處是支持與理解的語言，人與人之間自然形成正向循環的文化。這樣的環境能吸引人、也能留住人。主管一開始也許只是有意識說一句好話，但說著說著，整個團隊都學會了看見彼此、說出感謝、給予機會。

◇第四章　會說才會帶：主管的話說對了，人才願意跟

延伸觀察：會說話的主管，更能擋得住離職潮

　　近年多項人資調查顯示，主管的溝通風格與離職意圖成正比。當主管經常傾向責備、批評、不給回饋，員工的離職率平均高出27%。但若主管善於給予正向語言、鼓勵式提問、願意開放討論，則離職率明顯下降。甚至有企業開始訓練「領導語言教練」，讓中高階主管練習「開口留才」。

留才語言影響力矩陣

員工語言經驗	短期影響	長期影響
被責備或忽視	防衛、疏離感	高離職率、低參與感
得到形式性讚美	當下高興但易淡化	信任感不穩定
得到具體且真誠的語言	增強動機與連結感	忠誠度高、易留才

小節總結：留下來，是因為話裡有歸屬感

　　帶人不是只靠制度、績效或獎勵，而是靠一句句累積的語言溫度。你說得懂人、說得出價值、說得有未來，人才會願意留下來。會帶人，先練會怎麼說話，這才是領導真正的起點。

第五章
讓人心甘情願跟你走：
不是用逼的，是用做給他看

◇第五章　讓人心甘情願跟你走：不是用逼的，是用做給他看

第一節　被看見的努力，才會繼續努力

沒人看到的努力，最容易熄火

每個人在工作中都曾經歷過這種時刻：加班到深夜，幫團隊補破口，最後卻一句話也沒被提起。一次、兩次，努力就會變成一種「不值得」。這不代表他不願意做，而是人性使然——如果沒有人看見，就不會有人繼續用力。

根據 2023 年一份職場動機調查報告指出，有高達 72％的上班族認為「最大的挫折感」來自「努力沒被看見」。其中 28％的人表示，因為這樣而降低了投入度，甚至開始消極應對日常任務。努力不是免費的，它需要被理解與回應，才會持續生產。

被看見，不只是讚美，而是確認價值

心理學家亞伯拉罕‧馬斯洛（Abraham Maslow）提出的需求層次理論中，「尊重」與「自我實現」屬於高階需求。當一個人覺得自己被肯定，他會更相信自己做的是有意義的，也會更願意自發性地投入。主管若能適時點出員工的努力，讓對方知道「我不是白做的」，就是在鞏固他對工作的動機。

這種肯定不需要太多語言，而是品質的問題。說「你很棒」固然好，但說「你處理 B 客戶那段真的很細膩，客訴才沒擴大」，更能讓對方感受到「我被注意到了，而且我具體貢獻了什麼」。

第一節　被看見的努力，才會繼續努力

案例：一句話，讓人撐過最難的時期

在一間長照機構中，有位護理人員連續兩週支援確診病患清消作業，每天戴 N95 口罩工作超過十小時。某日傍晚，主管走進病房門口，只說了一句：「我知道你這段很辛苦，沒有你我們真的撐不住。」這位員工後來在內部回饋寫下：「我知道自己薪水不高，也知道很多事只是職責，但主管的這句話，讓我覺得自己是有人看見的，能撐得下去。」

這個簡單的場景中，主管的出現與語言，不只是安慰，更是向整個團隊傳遞了一個訊息：「努力會被記得，撐住會有人挺你。」這種情境建立的信任感與情感記憶，遠超過任何一場例行會議。

主管該如何讓努力被看見？

1. 具體描述貢獻情境

比起「你最近不錯」，說「你這週主動幫 A 部門解決那個跨系統的問題，真的有幫到大家」會更有感。

2. 選擇公開或私下都要到位

重要時刻可公開表揚，日常中則要習慣私下肯定。

3. 把看見變成制度節奏

例如每週例會安排三分鐘分享「誰幫助了我」，讓互相看見變成團隊習慣。

4. 善用書面訊息與即時回應

一封簡訊、一張便條紙，可能會成為他人記得很久的支持。

◇第五章　讓人心甘情願跟你走：不是用逼的，是用做給他看

5. 從細節中觀察努力方向

　　對方提早到、延遲離開、補資料、幫新人，這些都是可被記住的行動。

看見的累積，是情感契約的開始

　　當一個人覺得自己的努力被理解，就會產生情感上的連結，而這正是所謂「情感契約」的基礎。根據《哈佛商業評論》2019年的一份研究指出，那些擁有高情感契約的團隊，其穩定性與續留率比平均高出1.7倍。主管願意看見、記得並回應下屬的努力，就是這份無形契約最重要的起點。

延伸案例：轉念的關鍵，是一句「我有看到」

　　一位在新竹科技產業服務十年的資深工程師，在一次產品開發期間，接連三次被客戶打回設計需求。他原本萌生轉職念頭。某天晚上下班時，他收到一封副理傳來的簡訊：「我知道你今天被改了三版，真的很辛苦，但我有看到你把每個版本都處理得很細。我知道不是你的錯，我相信你。」這位工程師後來並沒有離職，反而在三個月內主動提案流程改善提案，還成為主管口中的「技術與態度都能當榜樣的人」。

　　這樣的對話看似簡單，但就是在情緒谷底時，提供了信任與連結。那不是鼓勵的語言，而是確認價值的語言。

第一節　被看見的努力，才會繼續努力◇

建議圖表：努力看見度與動機持續力的關聯圖

努力被看見的頻率	員工主動性	團隊氛圍	留任意願
幾乎沒有	低	緊張、冷漠	低
偶爾	中	偶有合作	普通
規律且具體	高	積極、信任	高

此表可視覺化呈現：「看見」與否，與動機、氛圍、留才之間的正相關。

小節總結：努力要被看見，才會繼續發生

一句話，一個眼神，一次點名，就足以點燃一個人的續航力。你不需要每天稱讚，但你需要讓人知道 ── 他的努力，你有放在眼裡。努力會有疲乏，但只要有回音，就能再走一步。會看見的人，才看得遠；會說出口的主管，才帶得了人。

◇第五章　讓人心甘情願跟你走：不是用逼的，是用做給他看

第二節　認同感比加薪更能留住人

錢留得住人，但認同才讓人甘願留下

　　加薪是一種手段，但不是唯一的留人方法。許多主管誤以為「錢給夠了，問題就會少」，但在實際工作現場中，讓人真正想離開的往往不是薪資，而是沒有認同感。認同來自「我相信這個主管的方向」、「我覺得我做的事有意義」、「我覺得我在這個團隊是重要的」。這些心裡的確信，比帳戶裡的多一點數字，更能長久留住一個人。

認同是內在契約，不是外在條件

　　根據 2022 年企業人才穩定度調查，對工作有高度認同感的員工，其續留意願高出一般員工 2.1 倍。而當主管能清楚說明團隊使命、價值觀與願景時，員工更能從中找到自我投射與存在意義。這樣的「認同連結」才是最深的留人力量。

案例：離開的不是職位，是失望

　　一間知名半導體測試公司，一位高績效工程師在升遷前夕突然遞出離職。主管震驚地問他：「薪資也調了，職位也有，為什麼還是想走？」該員工回應：「我不確定自己在這裡除了多做，還能成為什麼樣的人。你從來沒談過我做這些事的意義，只有業績跟進度。」這段對話讓整個部門重新審視團隊文化 —— 原來「做很多」的人也會走，因為「做得很空」。

認同感的來源三部曲

（1）角色被定義清楚：我知道我來這裡是做什麼、為什麼重要，而不只是補缺。

（2）願景被傳遞具體：主管能讓我看到「我們這樣做，是為了什麼」

（3）價值被尊重確認：我被問意見、我的方法被採納、我的專業被信任

這三種元素共同作用，才會讓員工心裡產生「我認同你、我認同這個團隊」的內在連結。

延伸案例：不是多給，而是講清楚方向

某家連鎖餐飲集團，曾經為了留住分店店長群，開出優於市場的獎金條件。但半年後仍有一半流動。總部後來做了深度訪談，發現店長普遍感到「我只是在執行別人的標準化」、「我沒什麼話語權」。於是集團改變策略，邀請資深店長參與總部制度討論、給予營運流程建議空間，並在內部刊物中刊出各店長的故事。三年後，流動率下降三成。

這個案例證明，「我有參與、我有名字」比「我有獎金」更能讓人留得長、留得穩。

建立認同感的五個關鍵做法

1. 說出你的價值觀

主管要有習慣談文化、談方向、談為何這件事值得做。

◇第五章　讓人心甘情願跟你走：不是用逼的，是用做給他看

2. 給員工參與空間

讓他參與流程設計、政策試點，而不是被動接受。

3. 回應貢獻，而非只談績效

說「你這樣處理很符合我們重視的細節」比「你這週 KPI 達標」有力量。

4. 讓大家看見自己與團隊的關聯

分享故事、揭露決策過程，讓人知道自己是團隊重要拼圖。

5. 以人為本，不只是制度為主

不只講規定，而是說明「這樣做是為了更貼近我們相信的價值」。

建議圖表：加薪與認同感對留才影響力比較

留才因子	短期效果	長期穩定性	員工主觀評價	成本可控性
加薪	高	中下	外在刺激型	中高
認同感	中	高	內在動力型	高（可透過文化營造）

表格顯示，加薪雖能快速吸引注意，但認同感更能穩定內部文化與核心人力。

小節總結：被理解，比被獎勵更有力

你可以加薪留人，但你更應該說清楚「為什麼留下值得」。當一個人感受到：我在這裡不只是領薪水，而是成為一個更好的自己，他會更甘願為團隊多走一步。認同，是留才的根，主管的語言與態度，就是澆灌它的水。

第三節　公司有制度，但人需要溫度

規則讓組織穩定，溫度讓人願意留下

制度很重要，但制度只能保障最低限度的公平與流程順暢。真正讓人願意留下來、拼下去的，是主管展現的溫度——也就是你在「制度的邊界」內，還能不能看見人、理解人、照顧人。當員工遇到挫折、過勞、生活難題，制度可以給他假期，但溫度才能給他動力與信任。

制度是底線，溫度是文化

以公司制度為核心的組織，容易讓人感覺「規定在哪裡，人就只能到哪裡」。但如果主管願意在制度之外多看一眼、多聽一句、多問一聲，團隊成員就會知道：「我是被當作人來對待的，而不是流程裡的一份作業。」

根據《HR Asia》2023 年調查，員工認為最能表現組織溫度的，不是額外補貼、年節獎金，而是主管在非常時刻的回應與支持，例如加班時一句主動的「你需要我留下來嗎」、家裡出事時一句「你需要幫忙我可以協調時間」。這些話不是制度要求，而是溫度行動。

案例：規定很清楚，離職信還是來了

一家外商金融服務公司，一位主管因團隊績效壓力大，堅持依制度辦事：請假只能提三天前、報告格式要照 SOP、遲到三次扣一次全勤。然而三個月內兩位資深同仁提出離職。內部訪談發現，離職原因並非薪資或工作量，而是「我只是被當成報表後面的代號」、「就算我爸住院也

◇第五章　讓人心甘情願跟你走：不是用逼的，是用做給他看

只能請半天」這種冷處理的挫敗感。

後來該主管調整作法：雖然制度仍維持，但他主動建立「彈性協調備忘錄」，針對特殊狀況可以由主管授權應變，並且建立一對一心情對話時間。半年後，團隊流動率降低、出席率上升，甚至有員工表示「這是第一次覺得主管有在幫我想生活上的事」。

溫度管理的三個核心做法

（1）制度明確但彈性保留：建立例外彈性機制，讓人知道你願意理解特殊狀況。

（2）回應情緒，而非只應對流程：員工出錯時先說「你還好嗎」，比「你為什麼這樣」更有修復力。

（3）展現「有看見」的行為：記得誰剛升遷、誰孩子生病、誰最近超時支援，並主動問候或簡訊關懷。

這些動作，不是要你變成情緒輔導員，而是要你成為一個「有在看人」的主管。

延伸案例：制度可以教流程，溫度才教得出信任

某醫療器材公司，在疫情期間實施分流與遠距制度，但有員工因家中照護問題請假頻繁。雖然制度規定請假超過五天需附佐證文件，但主管主動表示：「你先處理家裡的事，有什麼我們再補資料，我幫你先記流程。」這種舉動看似小事，卻讓該員工後來主動加班補上進度，還向 HR 推薦主管為年度表率。

規則保護組織,溫度撐住人心

制度能減少偏差,但溫度能創造信任。當制度只是用來維持機器運作,員工只會完成指令;但當制度背後有人性與理解,員工會願意參與、付出,甚至在困境中為主管擋一次風、為團隊撐一段路。

建議圖表:制度與溫度在管理上的互補關係

面向	制度導向	溫度導向
著重	公平一致性	彈性與人情
回應方式	按規定流程	依情況體諒與對話
影響對象	組織穩定度	員工忠誠度與連結感
結果	減少糾紛與誤判	增加信任與續留動機

小節總結:溫度是制度不能寫出的部分

制度讓組織可以運作,溫度讓組織可以活著。會看制度的是管理者,會看人的才是領導者。你不是只靠 SOP 來留人,而是靠一句「我理解你的處境」,讓人決定繼續留下。

◇第五章 讓人心甘情願跟你走：不是用逼的，是用做給他看

第四節　好主管要敢挑戰，也要懂照顧

主管的兩個面向：敢衝，也要會撐

一個好的主管，不是永遠只溫柔，也不是總是強勢，而是能在適當時機「推一把」，也能在必要時「接住人」。當團隊看見你敢接挑戰、衝在前面時，他們會覺得有目標可追；而當他們知道失誤不會馬上被犧牲，而是會被理解與修正，他們才會願意跟你一起走得遠。

主管太軟，團隊迷惘；太硬，團隊窒息

如果主管一味強調照顧、體貼，容易讓團隊失去動力與目標感；反之，若只顧 KPI 與績效，則會讓人心生防衛、害怕犯錯。最理想的領導狀態，是能明確訂出高標準，同時營造出「就算挑戰很硬，你不是一個人在扛」的信任空間。

案例：一場專案危機，讓人看清主管格局

在一家科技新創公司，一次跨部門產品上線案因為內部資訊延誤導致延期。原先 PM 團隊擔心會被責難，但主管第一時間站出來向董事會說：「這是我作業節點管理沒交代清楚。」回到內部，他私下與各部門對話，說：「我們要釐清流程與分工，我會陪你們一起走完這個改版。」這樣的處理方式，讓下屬更願意承擔風險，也形成「出事不推責，事後會修正」的文化。

第四節　好主管要敢挑戰，也要懂照顧

敢挑戰的表現，不是嘴巴硬，而是身體先上

帶人挑戰時，主管自己是否在第一線、是否親自嘗試、是否接受風險，會比再多話語更有說服力。當主管願意在制度還沒成熟前，自己先試錯、調整，他的勇氣與誠意會轉化為團隊的信任與跟隨。

照顧人的方式，不是溫情喊話，而是實際行動

(1)提供備援資源：在要求挑戰目標的同時，安排有經驗者陪跑，減少心理壓力。

(2)設定合理彈性與修正空間：鼓勵創新但不懲罰失敗，反而重視「失敗後怎麼修」。

(3)定期情緒與進度檢查點：不是為了查核，而是提供支持與理解機會。

照顧，不是要你取代員工扛全部，而是確保他們「在向前衝時不會孤單、失誤時不會被放棄」。

延伸案例：從壓力源變成靠山的轉折

某家製造業老闆原先以高壓著稱，直到一次品質缺失事件，他公開在晨會表示：「這是管理方沒有給你們充分的標準依據，不是你們偷懶。」並主動與客戶協調補償措施。之後，他開始調整日常做法，安排週會由現場主管主講，自己擔任聽者與支援者角色。三個月內，產線人員回報問題次數大增，但總出錯率卻下降三成。這代表「有人接得住」，員工才敢開口、才肯一起改進。

◇第五章　讓人心甘情願跟你走：不是用逼的，是用做給他看

> 建議圖表：「挑戰力 × 照顧力」領導風格矩陣

領導風格類型	挑戰力高	照顧力高	結果
專制型主管	高	低	團隊效率高但流動率高
溫情型主管	低	高	團隊氣氛好但缺乏執行力
放任型主管	低	低	團隊散漫無標準
平衡型主管（理想）	高	高	團隊穩定且具挑戰動能

> 小節總結：挑戰是前進的力，照顧是走遠的根

　　帶人不是只會暴衝，也不是只會安撫，真正有力量的主管，是既有勇氣設定高標，也有能力拉著人前進。你敢挑戰，別人願意衝；你會照顧，別人願意留。兩者兼備，才能讓團隊走得快，也走得久。

第五節　給舞臺，也要給後援

只給舞臺沒後援，是讓人上臺出糗

很多主管期待團隊成員能「勇敢站上來」，於是給他們挑戰、任務、舞臺，但卻忽略了一件事：不是每個人都準備好，也不是每個人都知道怎麼做。一味把任務丟出去，不代表你是授權高手；你還得問自己：「我有沒有在後面接得住他？」

被推出去的人最怕：跌倒沒人管

想像一個剛升任主管的員工，還在熟悉團隊流程，就被交辦主持跨部門專案。結果碰壁不斷，最後被評「不夠主動」，自信心重創。這不是他不願意學，而是他缺乏後援。領導不是把人推出去，而是「陪著站旁邊」。這樣的人才，未來才會自己站得穩。

案例：給任務也給依靠，成就雙贏

某家教育科技新創公司，曾讓一位資深工程師帶新產品開發案。主管不只是給他機會，更安排一位有經驗的策略長擔任顧問，每週與他一對一討論策略盲點，並協助建立團隊共識。半年後，該案如期上線，該工程師也因此升任技術副理。他後來說：「我敢接，是因為我知道主管沒有放我一個人。」

◇第五章　讓人心甘情願跟你走：不是用逼的，是用做給他看

舞臺設計五步驟：讓人挑戰，也讓人安心

（1）確認動機與意願：不是「我覺得你可以」，而是「你自己想不想」；

（2）設定清楚成功畫面：讓對方知道什麼是做好，而不是靠猜；

（3）建立支援點與回饋機制：指派陪跑者或定期檢核，不是放牛吃草；

（4）容許試錯空間：明確告知「犯錯可以，但要回報與學習」；

（5）正式回饋與肯定：完成後有儀式、有總結，才有成就感累積。

這五步驟，是讓人安心上場、勇敢表現的「心理舞臺工程」。

延伸案例：從抗拒到主動的心態轉變

一間中型文創行銷公司中，一位行銷專員原本總是對新任務畏縮。主管發現她其實有創意但缺乏信心，便安排她共同企劃下季主題活動，並指定一位資深設計師為導師。過程中多次陪同簡報、協助修改提案。最後活動成效亮眼，她也在內部成為被同仁請教的主力。她在成果發表時說：「這次成功不是因為我本來就會做，而是因為有人陪我走。」

建議圖表：舞臺與後援的領導平衡矩陣

領導行為類型	給舞臺程度	給後援程度	結果
高壓型主管	高	低	員工壓力大、出錯多、信任感低
過度保護型主管	低	高	員工缺乏挑戰、自信不成長
放任型主管	低	低	團隊無方向、個人難發揮
支援型主管（理想）	高	高	員工願意挑戰、能承擔、表現突出

第五節　給舞臺，也要給後援

小節總結：讓人發光，不能只開燈，要有電源

　　給舞臺，是主管的責任；給後援，是主管的誠意。會帶人，不是把任務丟出去就好，而是確保每一個被你點名的人，在過程中不會孤單、在失誤時不會被放棄。當他知道自己不是被推出去，而是被「帶著往前走」，他才會真正站上屬於他的舞臺。

◇第五章　讓人心甘情願跟你走：不是用逼的，是用做給他看

第六節　成就感不是天生的，要一起創造

每個人都想有成就感，但不是每個人知道怎麼得到

我們常說要給員工成就感，但很多主管以為這是一種個人特質，有些人天生積極、有些人天生不滿足。事實上，成就感是一種「被經營出來的心理狀態」，它來自目標被理解、過程被支持、結果被肯定。主管的任務，不只是安排工作，而是設計一段讓人能「看見自己成長」的旅程。

為什麼同樣的任務，有人覺得有價值、有人覺得只是做事？

關鍵在於是否建立了意義感。當任務背後有清楚的目的與對接的目標，員工會覺得「我做的是有用的」，而不是「我只是填表、送件、執行命令」。若主管能在分派工作時，清楚說明：「這是為了我們三個月後的成長目標」、「這是因為你最能處理這類細節」，成員會把任務轉化成「我的挑戰」，自然更願意投入。

案例：從例行任務轉化為自我挑戰

一家中型通訊設備公司中，一位工程助理原本每天只是處理例行測試報告，一度萌生離職念頭。後來主管調整策略，將他安排為「品質優化追蹤員」，讓他主動回報問題邏輯並設計優化建議。三個月後，他開始主動提出測試建議，並在部門內推動表單數位化。主管說：「我只是換了一個任務說法與回饋方式，他整個人就活過來了。」

第六節　成就感不是天生的，要一起創造

成就感的三個來源

（1）角色清楚而獨特：知道自己在團隊中的位置與價值，避免淹沒於流水線作業中。

（2）目標適當有挑戰性：任務不是例行，也不是遙不可及，而是「我努力有可能做到」。

（3）過程中有真實回饋：不是「做完才有成就」，而是過程中持續被看到、被肯定、被修正。

成就感不是靠「誇讚」，而是靠「參與」

主管若只是事後說一句「你做得不錯」，容易流於形式。真正的成就感來自過程參與——當員工能決定方向、設計方法、修正進度，他就會感覺「這是我參與創造的」。這份參與意識，才是持久成就感的養分。

延伸案例：從做任務到做自己的專案

一間位於科學園區的軟體公司，主管針對新人入職改用「自選題目」制度。新人在第三週提出一個跟公司流程或產品優化有關的小提案，由主管與資深同仁共同協助導入測試。這些專案無論大小，皆在每季團隊會議中發表，主管只給三原則：「必須是你提出的」、「必須影響流程或體驗」、「必須能追蹤效益」。結果大幅提升新人留任率，也讓每位新人成為主動者，而非任務接受者。

◇第五章　讓人心甘情願跟你走：不是用逼的，是用做給他看

成就感三階段建立流程

階段	員工狀態	主管角色	所需關鍵要素
開始參與	尚未有動力	任務設計與意義說明	說明任務與目標、對接團隊方向
過程投入	動機提升、想嘗試	回饋與引導者	提供資源、即時肯定、彈性修正
成果展現	感到成就、願意再挑戰	放大貢獻與舞臺	公開表揚、串接下一個機會

小節總結：成就感是共創的，不是等待出現的

你無法逼出別人的成就感，但你可以和他一起創造。當主管願意設計參與、設定挑戰、給予回饋與發表機會，每一個任務都可能變成一段讓人「更喜歡自己的過程」。那不是因為他愛做事，而是因為他覺得：「我做的事，有一點像我想成為的樣子。」

第七節　氣氛好，才會有人願意多做一步

團隊氛圍不是附加選項，是基礎動能

許多主管常把「氣氛」當作 bonus，加分但不必要，認為只要制度、獎金、指標到位，團隊自然會動起來。但現實中，真正讓人願意多付出一點、撐久一點、提早發現問題的，不是績效表單，而是日常互動中的一個眼神、一句話、一種氛圍。氣氛不是額外條件，它是行為的催化劑，是心理安全感的溫床。

情緒環境決定了自發程度

心理學家艾咪・艾德蒙森（Amy Edmondson）在「心理安全感」理論中指出，當一個組織讓人感到「我可以表達自己而不會被懲罰或羞辱」，團隊創新力、回饋率與合作意願都會顯著上升。換句話說，一個「可以開口、可以犯錯、可以被理解」的氣氛，是讓團隊主動參與的必要條件。

案例：一個點頭，救回一個提案

在一家廣告策略公司中，一名年輕企劃在例會中提出了偏離以往路線的新想法。當她剛講完第一句，全場一片靜默。正當她準備收話時，主管微笑點了點頭，說：「妳繼續講，我覺得這方向有意思。」結果那個點頭讓整場氣氛轉變，提案內容後來被採納成年度主軸。事後該企劃說：「我以為我在亂講，但主管的眼神讓我敢把話說完。」

◇第五章　讓人心甘情願跟你走：不是用逼的，是用做給他看

氣氛塑造的三個行動關鍵

（1）日常語氣與反應方式：主管說話是否總是帶有防備、否定語氣？還是願意給空間？

（2）對失誤的回應態度：出錯時是「誰的錯？」還是「哪裡沒顧到？」

（3）公開肯定與私下理解並行：能不能在公開場合適度表揚，在私下時真正理解對方的情境與努力。

延伸案例：從沉默會議到熱烈對話的轉變

一家中部電子零組件製造公司，過去每週會議成員都靜默聽主管講，幾乎沒人發問。有一次主管出國兩週，副主管主持會議，改採小組討論、輪流發言制，每人限時兩分鐘，並對所有提出想法者表達感謝與具體意見。會後員工開始主動提出改善流程建議。主管回國後，也保留此互動模式，並額外設立「每週亮點貢獻」時間，讓氣氛轉為正向交流循環。

團隊氣氛的影響圖表

氣氛狀態	主管表現風格	團隊反應	長期效果
冷漠壓抑	僅強調績效、否定為主	員工沉默、怕犯錯、被動等待	流動率高、創意低
寬鬆混亂	無明確方向、討好主義	員工迷惘、無執行力、無邊界感	難以落實決策、責任模糊
穩定開放（理想）	積極傾聽、清楚期待	員工主動建言、彼此支持	凝聚力強、行動效率高

小節總結：氣氛是默默的指揮棒

你不用天天喊口號，也不用把氣氛寫進 KPI，但你要知道，每一次會議的反應、每一個私下的態度，都是在幫你建立團隊的心理氣候。氣氛不是背景，它是推動所有團隊行為的無形指揮棒。如果氣氛對了，有些事不用你說，大家自然會動起來。

◇第五章　讓人心甘情願跟你走：不是用逼的，是用做給他看

第八節　當主管不能只靠績效指標

指標是指南，不是目的

績效指標是管理的必要工具，但當主管只看指標，卻忽略了人，那些原本可以早點修正的問題，就會在「數字看起來還行」的盲區中爆炸。你不能只靠數據來判斷事情發展，也不能讓員工覺得「只要 KPI 沒掉，其他主管都不在意」。指標是提醒，不是全部；它是地圖，不是旅程。

數字會說話，但人說得更多

很多主管會說：「我不看情緒，只看數字。」這句話乍聽很務實，但其實風險極高。因為員工會學會只對付數字，不對齊目標。只看數字，可能讓人開始「做給你看」而不是「真的想做好」，這會讓表面指標好看，但團隊失去彈性與誠意。真正的領導者，會用數字抓住節奏，也用對話理解情勢。

案例：KPI 沒掉，但團隊快解體

某大型餐飲連鎖集團，曾因月營收未掉反而連三季微升而被誤判為「營運穩定」，但實際上是中高階主管為了拚指標，壓縮員工休假、下修人力成本、鼓勵以促銷搶營收。結果內部請辭潮擴大、顧客回訪率驟降，半年後整體營收反轉下滑。後續集團高層才意識到：「光靠數字，看不出累積的耗損。」

158

指標有用，但要配心理帳

作為主管，要學會兩種帳一起看：

- 績效帳：營收、產能、客戶滿意度等外部成果。
- 心理帳：團隊信任、疲勞感、主動性等內部動能。

當兩者一起呈現時，才看得出一個團隊的真實走勢。很多時候，心理帳破洞後，績效帳會延遲幾個月才爆出問題。聰明的主管，會及早留意心理端的裂痕。

延伸案例：從數字導向走向關係導向

一家軟體公司原本高度仰賴專案完成率與錯誤率做為主管考核指標。直到有次專案開發延遲時，開會中一位資深工程師突然落淚，主管才發現團隊壓力已經嚴重失衡。當月該指標沒掉，卻因三人接連請辭，導致後續專案延誤。事後主管將每月檢討改為包含「關鍵對話回合數」，鼓勵主管定期與夥伴談現況與壓力點，不再只是填表打勾。三個月後，團隊流動率下降，專案準點率反而上升。

管理對話與績效的結合建議

管理面向	傳統做法	補強對話介入
目標設定	只用 KPI 定義成敗	加入團隊共識與動機確認
進度追蹤	單純數字報告	加入壓力強度與心理承受度討論
結果檢討	檢視完成率、損益表	檢討過程中情緒起伏與成長點

◇第五章　讓人心甘情願跟你走：不是用逼的，是用做給他看

> **小節總結：指標是參考，不是代替現場的眼睛**

　　你可以用績效指標做導航，但不能讓自己變成「數字驅動的盲駕者」。好的主管看數字，但更看得出數字背後的疲累、壓力、情緒與信任。當你願意用對話與數字並行，你才看得出什麼地方正在失速，什麼人需要你多問一句。

第九節　安全感要從日常累積起來

沒有安全感，再多機會也不敢接

很多主管常問：「為什麼他不主動一點？」、「這麼好的機會怎麼沒人接？」但卻忽略了一個關鍵背景 —— 安全感不足。不是每個人都在一個可以放心嘗試、放心講話的環境裡成長，也不是每個人都相信「表現會被看見、錯誤不會被放棄」。主管能不能建立日常的心理安全，就是讓團隊願意前進的關鍵差異。

安全感不是喊話，是習慣的累積

你說「錯了沒關係」，但錯了一次他就被責罵，那句話就沒有價值。你說「有問題可以問」，但問一次你就臉臭，他下次就不問了。心理安全感不是靠話術，而是靠「每次互動都有一貫的態度」來建立的信任。安全感來自於：我知道在這裡，我可以講真話、不會被丟包、出問題也會一起想辦法。

案例：一個反問，改變了提案文化

某家生活風格品牌公司中，一位設計師提案時因為緊張、說話沒條理，主管沒有當場指責，而是說：「你希望我先聽完還是先給意見？」設計師說：「先聽完。」主管點頭後全程筆記、會後私下回饋方向。這樣的對話讓部門中其他成員開始模仿這種互動方式。兩季之後，主動提案次數翻倍，部門創意效率大幅上升。主管後來說：「不是因為我說話比較好聽，而是他們知道我會等他講完。」

◇第五章　讓人心甘情願跟你走：不是用逼的，是用做給他看

安全感的三個實踐原則

（1）對話時不預設立場：先聽完、再反應，不預設對錯或成敗。

（2）處理錯誤的態度一致：錯了可以討論、可以改，而不是先處罰。

（3）讓團隊看到你的穩定度：你情緒不劇烈波動，才讓大家知道這裡不會隨便翻船。

延伸案例：主管的反應，決定團隊的穩定

某家物流公司，一位主管因人力調度出現錯誤導致物流延遲。他沒有當場罵人，而是先說：「這是流程上哪個環節沒設好，我們來拆解一下。」員工回報說：「這樣我下次敢第一時間講，因為你不是要抓誰錯。」此後團隊主動通報率提升三成，系統出錯的修正時間也更短。

建議圖表：安全感與行為反應對應表

主管行為	團隊感受	長期行為反應
穩定傾聽、給空間	被尊重、有話敢講	增加主動性與參與度
情緒不穩、動輒指責	緊張、選擇沉默	減少回報、避免責任
公開貶抑、偏袒對待	不公平、失去信任感	內耗升高、流動率上升

小節總結：安全感是團隊的預備能源

你不用天天照顧每一個人的情緒，但你要每天做到一件事：讓人知道「這裡出事了，我說得出來；這裡努力了，不會被誤會」。這種日常的心理穩定，才是真正讓人願意多做、敢提案、敢挑戰的根本來源。安全感不是演出，是累積；不是指標，是根基。

第十節
做久不是因為怕換工作,是因為有歸屬感

留下來的人,不一定是最沒選擇的

有些主管會說:「他應該是找不到其他工作,才待這麼久。」但事實上,很多人選擇留下,不是因為沒機會,而是因為「覺得這裡有我的位置」。真正能留住人的,不是高薪,也不是福利,而是他心裡那個「這裡有我、有我被需要、有我能貢獻」的歸屬感。

歸屬感是情感資產,不是管理標準作業

你無法規定「今天大家要產生歸屬感」,也不能只靠辦活動、掛口號建立文化。歸屬感是在無數個小互動裡慢慢形成的:有人記得你昨天加班,有人問你孩子狀況,有人聽你提案認真點頭。這些細節,比企業團康旅遊還有力。

案例:不是升遷,而是一起扛的回憶

一家食品科技公司,一位研發員工被獵人頭找上開出兩倍薪資,但他婉拒。他說:「如果只是做工作,我早走了。但我們從小規模做到現在,每次危機都是主管跟我們一起守的,這種感情不是說換就換。」這樣的選擇,不是因為待遇不好,而是因為他知道這裡有他的角色與價值。

◇第五章　讓人心甘情願跟你走：不是用逼的，是用做給他看

建立歸屬感的四個關鍵行動

（1）角色清晰有貢獻感：讓每個人知道「我做的是有意義的，沒我這一塊會斷。」

（2）文化一致可認同：組織行為與對外形象一致，員工會覺得「這間公司就是我能代表的」。

（3）情感連結常存在：平日互動頻繁，主管願意聽、同事願意挺。

（4）危機中彼此撐得住：出事時不是找代罪羔羊，而是互撐修復，才有信任基底。

延伸案例：共感文化讓團隊撐過裁員期

某家科技公司因景氣因素面臨裁員壓力，主管群決定先由自己減薪並透明說明原因。更重要的是，他們邀請團隊共同參與流程改善提案，承諾若能降低損耗就能避開裁員。結果一個月內提案數量翻倍，最終僅透過自然離職完成人事調整，沒有一人主動離職。原因是：「我們不是被犧牲，而是一起想辦法的人。」

圖表建議：歸屬感構成因素分析

構成要素	描述	對員工心理影響
貢獻感	自己的角色有價值、不可或缺	增強存在意義與責任感
認同感	文化方向與個人理念相符	提高忠誠度與參與感
情感連結	同事互動與支持感常在	減少孤立感與流動傾向
危機共擔經驗	遇難時彼此保護、共同承擔責任	穩定信任與長期留任意願

小節總結：歸屬感是留下來的真正理由

留住人，不是靠鎖住選項，而是讓他在這裡看見自己的影子。當他感覺自己「有角色、有貢獻、有連結」，他留下來不是因為沒地方去，而是因為「這裡就是我想在的地方」。歸屬感不是硬留，是自然留下。

◇第五章　讓人心甘情願跟你走：不是用逼的，是用做給他看

第十一節
建立文化不是辦活動，而是每天的選擇

文化不是用來宣傳，是用來過日子的

當我們說「這間公司的氛圍不錯」，很多人第一個想到的是牆上的標語、員工旅遊、或者每季的慶功晚會。但這些活動本身不構成企業文化，它們只是外顯的形式。真正的文化，是你每天說的話、處理問題的方式、面對錯誤的態度，這些小事一點一滴地告訴大家：「這間公司是怎麼看人、怎麼待人、怎麼做決定的。」

文化養成，是每一次選擇的結果

文化不會自動生成，它是每次選擇都往哪個方向靠攏的累積結果。當你決定在員工出錯時選擇溝通而不是指責，當你選擇公開感謝而不是私下鼓勵，當你選擇透明說明政策改變而不是「照做就好」，這些都在慢慢形成組織裡的行為準則。久而久之，這就變成「我們這裡的做法」。

案例：從辦活動變成活出價值

一家健康食品企業，原本每年舉辦三次大型活動，包括團康、運動會與年終表揚。但後來員工開始反映活動與工作脫節，覺得只是走流程。新任 HR 主管決定將文化內化為日常行為，推動「每週一問」制度——每週一主管要回答一個價值觀相關問題，像是「這週你在哪裡看見同事展現了誠信？」這樣的提問被張貼在辦公室布告欄，久而久之，大家開始會主動觀察與討論「什麼是我們的樣子」。

第十一節　建立文化不是辦活動，而是每天的選擇◇

建立文化的四大落實行動

（1）價值觀可行動化：將抽象詞彙變成具體行為，例如「責任感」變成「錯了會自己說明狀況」。

（2）管理決策對齊文化：升遷、讚美、改錯都要回到文化基準，而不是只看業績。

（3）日常語言內含文化邏輯：讓價值觀出現在開會語言、回饋語言中，例如「這個做法是否展現了我們的精神？」

（4）新進同仁融入制度設計：用實例與故事說明文化，而不是只發一份手冊。

延伸案例：從新進訓練看出文化根基

某新創數位平臺公司，將「文化日常化」融入新進訓練流程。新員工第一天不做業務，而是參與資深同仁的「失敗故事座談會」，每位老鳥分享一個自己犯錯但如何被團隊支持、如何修正的案例。這樣的設計讓新人了解，這家公司不只重成功，也重過程。結果是新人更願意提問、也更快融入。

圖表建議：文化落地四層次實踐架構

層次	實踐方式	員工感受與影響
概念宣導	標語、願景、官方說法	有印象但不一定認同
日常語言	主管與同仁的互動用詞	感覺一致、有安全感
行為判斷	提案、升遷、犯錯的處理方式	覺得這裡公平、有方向感
價值傳承	故事、儀式、對新人的說明	建立認同與自我定位感

◇第五章　讓人心甘情願跟你走：不是用逼的，是用做給他看

小節總結：文化是日子裡活出來的樣子

　　文化不是辦活動，它是大家每天的選擇——講什麼話、做什麼決定、怎麼處理失敗、如何定義成功。當這些小事都有一致性，文化才會像空氣一樣存在，讓人感受到「這裡有一種我們的樣子」，而不只是表面宣傳。

第十二節
團隊想留下，是因為他感覺這裡有他的角色

留人，不只是讓人留下來，而是讓人留下「身分感」

一個人願意長期留在一個團隊，不是因為工作沒問題，而是因為他在這個團隊中有了角色。這個角色，不只是職稱與職責，更是一種「被需要」、「能補位」、「有專長」的心裡定位。當他知道自己在這裡有貢獻、有信任、有意義，他就不會輕易離開。

角色感能夠延續，是因為每天都有痕跡

一個人感覺自己有角色，是因為他每天的行為都有連結。他知道有人依賴他的資料分析、有人等著他的設計稿、有人認可他的風格與方式。這種日積月累的被需要感，會讓他覺得「這裡沒有我不行」，而不只是「我來只是完成任務」。

案例：從邊緣角色變成核心橋梁

一位在醫療系統工作的 IT 工程師，原本只是支援報表與軟體設定，常被誤解「不是醫療人員所以不重要」。但某次系統維護時他主動優化流程並減少使用錯誤，受到院內讚賞。主管不只當眾稱讚，更安排他與醫療主管共同主持系統溝通會議。三個月後，這位工程師開始成為部門與醫護的橋梁，他說：「以前我只是做事，現在我知道自己是讓醫護工作更順利的人。」

◇第五章　讓人心甘情願跟你走：不是用逼的，是用做給他看

建立角色歸屬的三個關鍵

（1）任務連結感：讓每個人清楚知道自己的任務對整體有什麼影響。

（2）責任彈性空間：不是一成不變的工作分配，而是依能力與興趣調整出更多貢獻空間。

（3）角色認可的公開化：平常在公開場合說出「這件事多虧某某」比績效表更有力。

延伸案例：讓「本來要走的人」留下來的關鍵

一家中型文創設計公司，一位中階行政原本打算遞辭呈，因為覺得工作沒有挑戰。主管得知後，並未急於挽留，而是說：「我一直覺得你是這裡最有細節邏輯的人，我們剛好有一個新的專案需要重新整理流程，我想不到比你更適合的人。」對話後這位行政留了下來，主動提改善方案並成功導入。後來她說：「那一刻我才發現，我不是來填空的，而是這裡的一塊拼圖。」

建議圖表：員工角色感建構要素

要素	描述	對留任影響
被需要感	他人依賴其產出與方式	提高存在價值感
任務影響力	明確感受到自己對團隊或成果的貢獻	提升工作投入與責任感
角色認可	他人願意在公開與私下指出其角色重要性	建立自我效能與職場定位信心

第十二節　團隊想留下，是因為他感覺這裡有他的角色

> 小節總結：
> 每個留下來的人，都是因為他有一個不能缺的位置

　　組織裡沒有「小角色」，只有還沒被發現的角色價值。當每個人都能在團隊裡找到「這是我負責的、這件事有我才能成功」的連結，他才會覺得「這裡有我」，而不是「我只是來幫忙的」。團隊想留下來，不是因為被綁住，而是因為被定位。

◇第五章　讓人心甘情願跟你走：不是用逼的，是用做給他看

第六章
帶隊一定會出錯：
但主管要學會怎麼解局

◇第六章　帶隊一定會出錯：但主管要學會怎麼解局

第一節　遇到錯誤先處理情緒，再來處理事情

先處理情緒，才有空間處理問題

當錯誤發生，主管最直覺的反應常常是想解決問題，或者立刻追究責任。但實際上，錯誤發生的第一時間，團隊裡浮現的，通常是情緒：有人自責、有人焦慮、有人開始防衛。如果不先處理這些情緒，直接進入問題分析，往往只會讓團隊更混亂，甚至引發彼此的不信任。

心理學家丹尼爾‧高曼（Daniel Goleman）曾指出，情緒感染力是團隊合作的關鍵。主管的第一反應，會成為團隊處理危機的模仿樣板。如果你冷靜、穩定、不帶指責，團隊就能慢慢安下心來思考；反之，若你急躁、責備、語帶壓力，情緒將蓋過理性，團隊只會更無法動彈。

案例：一場出錯的交辦，差點毀了一個新人的信心

某家活動執行公司，一位剛升任企劃的新人成員，因為文件確認錯誤導致重要活動現場誤發贈品。主管當下雖然氣憤，但他選擇先帶對方離開現場，語氣平和地說：「現在不是要找錯，是要確保後面順利，你冷靜下來，先陪我把流程再跑一次。」事後檢討會上，主管才說明這是誰的責任、該怎麼修正。這位新人後來說：「主管第一時間不是問我為什麼搞錯，而是陪我想怎麼補，這讓我知道他在看整體，不只是看我。」

情緒先處理的三個步驟

（1）穩定現場氣氛：不在當眾指責，不當場定罪。情緒控管就是最好的指揮。

(2) 保護人而不包庇錯誤：你可以說「我們一起來想辦法」，這不代表沒責任，而是責任後移至可以處理的空間。

(3) 分開討論責任與情緒：情緒處理先於責任釐清，這樣人在進入檢討時才會比較理性。

延伸案例：處理錯誤時的語言反轉

一間工業設計公司主管改用「先問情緒」的做法來面對錯誤。他在每次錯誤發生後第一句不是「怎麼會這樣？」，而是「你現在有沒有還能穩下來？」、「你自己覺得什麼地方最卡？」這樣的語言讓下屬理解，主管不是來追殺的，而是來幫忙釐清的。久而久之，團隊更敢面對問題，也更願意在錯誤中學習。

建議圖表：錯誤發生時的處理順序

項目	不建議做法	建議做法
錯誤剛發生	當眾質問、放大情緒反應	穩定語氣、先處理流程
初步對話階段	急於問責、定結論	詢問當事人情緒與觀察點
事後檢討階段	指責個人、強化羞愧感	拆解流程、引導自我學習與改進

小節總結：錯誤不是爆炸點，而是重整點

真正厲害的主管，錯誤發生時不是立刻追人，而是先撐起氣氛、穩住情緒，給大家一個可以一起處理問題的空間。處理錯誤不是要你假裝沒事，而是要你知道：「人先穩下來，事情才有得談。」

◇第六章　帶隊一定會出錯：但主管要學會怎麼解局

第二節　問題發生不要只想抓人出來扛

抓人扛責，是最容易也最短視的處理方式

很多主管在問題發生時，第一反應就是「誰搞錯的？」、「找人出來說明！」這樣的方式或許能馬上壓下上級壓力，也能給出一個「解釋」，但換來的是整個團隊的防備與寒心。因為他們心裡會知道：只要有問題，我就是下個被推出去的人。

一個主管若只會用「代罪羔羊」的方式處理失誤，那麼再有才華的團隊也會學會三件事：不要承認錯、不要多說話、不要主動提案。因為越靠近決策中心，風險就越高。

案例：一場產品失誤，兩種處理方式

某家電品牌在推新產品時出現包裝錯印問題，A部門主管選擇立刻點名設計人員，說明責任並將其調離專案；而B部門則召開跨部門檢討會，釐清流程中是否有多重審核失靈的狀況。結果A部門人心惶惶，員工彼此推諉；B部門則針對流程改進並建立雙重簽核機制。幾個月後，B部門在另一次緊急交付中因流程清晰反而零錯誤。

責任釐清，不等於責備定罪

主管的任務不是找人出來承擔錯誤，而是找出問題怎麼發生的、以後怎麼避免。

(1)錯誤是流程的結果，不是個人的惡意：先拆解流程，再分析人為落點。

(2)出錯的人，不等於不負責的人：給他空間補救，是責任的深化，不是寬容。

(3)從錯誤中發現改進機會，而不是只留下指責紀錄：修正比懲處有更長遠的組織價值。

延伸案例：主管的態度決定了員工未來的誠實程度

某家新創電商公司曾在雙 11 期間出現訂單錯誤匯出，導致近兩百筆客訴。客服人員原本打算隱瞞，直到資深人員主動舉手承認疏漏。主管第一時間並未質問，而是說：「感謝你有說，現在我們先來想補救方式。」之後整組團隊在兩天內完成回覆與補償機制，並自行建立內部標準化流程。主管後來說：「這次的錯誤雖然導致額外成本，但也換來一組信任我的團隊。」

團隊對錯誤的回應文化圖表

處理風格	團隊反應	長期影響
抓人出來扛	防衛、沉默、互相推責	團隊信任降低、創意萎縮
一起拆解流程釐清問題	誠實回報、主動改進	團隊凝聚力強、責任感提升

小節總結：推人出去，只會讓人退回心裡的牆後

遇到錯誤時你想找人扛，團隊就會學會不提、不碰、不說。真正能走長遠的主管，會選擇一起把問題看清楚，把人留在隊伍裡，而不是推出去給外部交差。因為當團隊知道主管會「一起想辦法」，他們才會願意下一次「主動出手」。

◇第六章　帶隊一定會出錯：但主管要學會怎麼解局

第三節　解決根本原因，比處罰來得有用

找出問題源頭，才是真正有用的改進

　　錯誤發生時，主管最直覺的處理方式常是懲處或責備，覺得要有人付出代價才能防止下次再犯。但其實，處罰只能遏止表面問題，無法真正讓組織進步。只有當你願意去問「這件事為什麼會發生？」、「我們的制度哪裡沒顧到？」才能讓錯誤變成資源，而不是一次消耗。

懲罰可能讓人怕錯，但不能讓人學會不錯

　　當團隊知道錯了會被罵、會被記點、會被懲處，他們可能會更謹慎，但也更不敢嘗試。久而久之，錯誤沒少，但誠實的人少了。真正能讓人從錯誤中學會的是：被允許拆解問題源頭、被引導分析流程、被給機會調整制度。這樣的團隊才會進步，而不是僅僅表面安靜。

案例：處罰帶來沉默，拆解帶來進步

　　一間醫療器材公司曾因生產流程出錯導致產品批號標示錯誤，原本品質部門主管欲懲處負責標籤印刷的員工。但高層選擇召開流程重整會議，檢查從設計到貼標每一段流程，結果發現是標籤軟體更新未同步通知班表作業人員。最後建立系統更新配套流程，並補訓所有操作人員。半年後該部門出錯率降至歷史新低。高層總結說：「不是那個人出錯，是我們沒設好讓他成功的環境。」

問對問題，才能改對事情

1. 錯在哪裡？

    不只看當事人，也看流程。

2. 為什麼錯？

    不只問動機，也問資訊與配套。

3. 怎麼修？

    不只補破洞，而是強化制度。

延伸案例：錯誤回報機制的價值

一家數位金融公司建立「錯誤回報表」，讓員工可以匿名或署名上報流程或決策中發現的漏洞。每月固定召開錯誤審查會，挑出三件重點案例進行討論與修正。這制度一開始被質疑會鼓勵檢舉文化，但實際上在一年內改善三大重複錯誤點，提升全公司流程自動化率與準確率。負責該制度的主管說：「錯誤的價值不是被抓出來，而是被整理出來。」

建議圖表：懲罰導向 vs. 原因導向的差異

管理風格	懲罰導向	原因導向
對錯誤的態度	聚焦於誰犯錯	聚焦於為什麼會出錯
團隊的反應	保守防衛、低風險行動	誠實通報、提升學習與改善效率
長期影響	表面安靜但問題重複	錯誤減少、制度健全與流程優化

◇第六章　帶隊一定會出錯：但主管要學會怎麼解局

小節總結：錯誤是成本，也能是投資

每次錯誤發生，都是一次組織自我修復的機會。主管若只會處罰，就等於把錯誤當作災難；但若願意找原因、調流程、補配套，那錯誤就成為資源。會處罰的人讓人害怕，會找原因的人讓人進步。

第四節　領導風格在危機裡最容易被看出來

平常好相處，不代表關鍵時刻扛得住

有些主管在平常給人感覺很好說話、願意傾聽、待人和善，但一旦遇到危機時卻變得情緒化、失控，或突然抽離、失聯。這種落差會讓團隊在最需要依靠時反而感到更不安。危機不是創造領導風格，而是揭露真實風格的時候。

你平常怎麼決策、怎麼協調、怎麼溝通，到了危機時刻，全都會被放大來看。團隊在看的是：你有沒有原則、能不能穩住節奏、會不會先發火再處理？這些行為才是真正定義你領導風格的關鍵指標。

案例：火災危機中的不同反應，揭露兩種領導風格

某中型倉儲物流公司在一場深夜火警中面臨重大危機。當晚消防系統出現延遲啟動，導致部分庫存嚴重損毀。兩位當班主管反應完全不同：A主管第一時間主動聯絡消防與維運單位，迅速協調現場與後勤資源，穩住團隊；B主管則選擇靜觀其變，直到總公司在群組追問才出面。

事後公司對兩人的危機處理風格進行內部調查與培訓回饋，結果團隊對A主管的信任與凝聚力大幅提升，甚至讓他在半年內升任為該區總管；反之，B主管則被調離前線。事件後，總經理也在全員會議中說：「平時做事的樣子是業績，危機來臨的樣子才是領導者。」

◇第六章　帶隊一定會出錯：但主管要學會怎麼解局

危機中，領導風格會自動現形

心理學家保羅・科斯塔（Paul Costa）與羅伯特・麥克雷（Robert McCrae）在其人格理論中指出，壓力狀態下的反應，比日常更能反映一個人真正的特質。這在領導學中也同樣成立：你的耐性、決策節奏、情緒控管與是否能把焦點放在解決問題上，都會在壓力中無所遁形。

危機時刻的領導者，請問自己三件事

(1) 我有先穩住自己，再穩住他人嗎？

(2) 我是帶著團隊走出來，還是丟下團隊自己逃？

(3) 我有在壓力下保持溝通與透明，還是選擇斷線？

好領導者不是危機來了才上場，而是平時就持續準備、讓團隊知道關鍵時刻你一定在。

延伸案例：疫情初期的餐飲主管應變

2020 年疫情爆發初期，一間連鎖簡餐品牌在三天內接到超過十家分店暫停營業通知，前線員工情緒低落、訂單取消率飆升。面對壓力，該品牌營運主管選擇公開開會，並每天錄製三分鐘的「主管日報」分享當日決策、預測與需要團隊一起應對的部分。

這項做法讓全體員工在動盪中仍能同步資訊，且因為主管每天親自回應團隊疑問與處境，反而建立強大的信任與向心力。事後回顧，這項制度被內部稱為「壓力下最有效的領導行為」之一。

建議圖表：危機中領導風格的對比

項目	穩定型領導	逃避型領導
回應速度	立即回應、主動協調	延遲回應、被動等待
團隊信任感	危機中信任提升，凝聚力強	團隊信任下滑，士氣不穩
溝通方式	積極同步資訊、主動說明	不說明、不出面或選擇性回應
長期影響	被視為可靠領導、升遷機會提升	被質疑領導力、調離前線或轉職機率高

三種做法，在危機中建立真正的領導信任感

（1）穩住自己的節奏，讓團隊知道你沒亂：冷靜是領導者的第一責任。

（2）快速建立資訊同步機制，避免謠言與猜測蔓延。

（3）用行動代替口號，帶頭處理最棘手的問題，團隊才會跟上。

小節總結：危機是放大鏡，也是信任累積器

領導不是看你平常多會說，而是看你關鍵時刻怎麼做。危機中，你的風格會自然流露，團隊會默默記得。你每一次處理危機的方式，都在建立你身為主管的公信力。

◇第六章　帶隊一定會出錯：但主管要學會怎麼解局

第五節　犯錯不怕，被蓋牌才會怕

有錯可以改，怕的是不能說錯

錯誤本身並不可怕，真正讓團隊停滯的是「錯了不能講」，一錯就被蓋住、壓下來、當沒發生。當組織裡開始出現「有錯不報、報錯被處罰、講錯被釘」的文化，那才是讓整體信任與改善能力崩盤的關鍵點。

主管要明白，團隊裡出現錯誤，是改進的入口；但如果大家只學會掩飾，組織只會離事實越來越遠。最健康的文化是：錯了可以說，說了會被幫忙找方法，而不是找人承擔責任。

案例：錯被隱瞞，引發連鎖後果

某外送平臺在年度系統更新後，出現部分店家菜單遺漏狀況。一開始工程團隊內部有一名資深工程師發現 API 回傳異常，但因擔心影響評鑑，選擇靜待其他人發現再說。結果錯誤訊息持續四十八小時未處理，導致超過一百家合作商家錯失訂單，平臺使用者投訴大增。

後來雖然團隊緊急補救並對外道歉，但該主管在回顧時指出：「這個錯誤如果第一時間被提出，我們根本可以在一小時內修好。但害怕被責備讓人選擇沉默，這才是真正的損失。」

這類事件並非特例。在臺灣科技與平臺產業中，因內部文化導致資訊上呈受阻，從而擴大錯誤損害的案例並不少見。問題從來不在錯誤本身，而在於錯誤被誰壓下、怎麼被忽略。

氛圍決定團隊能不能進步

心理學家艾咪・艾德蒙森（Amy Edmondson）提出「心理安全感」理論，強調一個團隊能否健康發展，關鍵在於成員是否能安心提出問題與錯誤。當大家知道「說錯事、問笨問題、承認失誤」不會導致羞辱、懲罰或邊緣化，反而能激發創新與合作。

主管若不營造這種安全感，而是一味追究「誰搞砸了什麼」，團隊就會學會裝沒事。久而久之，真正的危機不是「錯了多少次」，而是「錯了一次也沒人敢講」。

曾有一家中部的製藥公司，在品管流程中屢次出現錯誤紀錄。初期主管每次都開罵，導致員工彼此推卸、紀錄愈來愈簡略，錯誤卻頻率不減。後來新任主管上任，決定改革流程並取消「錯誤責任歸屬會議」，改為「錯誤共修會」。不到半年，錯誤率下降四成，關鍵不在技術，而在文化。

錯誤管理需要制度支持

只靠主管態度是不夠的。如果沒有明確的通報機制、回饋管道與改善流程，再有誠意也難以推動團隊揭露錯誤。以下是常見組織的錯誤管理方式落差：

建議圖表：公開錯誤 vs. 壓下錯誤的組織對照

項目	鼓勵公開錯誤	習慣壓下錯誤
員工反應	願意通報問題、彼此合作修正	傾向隱瞞錯誤、推卸責任
團隊氛圍	信任感強、學習速度快	防衛性高、資訊黑箱化

◇第六章　帶隊一定會出錯：但主管要學會怎麼解局

項目	鼓勵公開錯誤	習慣壓下錯誤
錯誤發現速度	錯誤早期即被揭露並調整	錯誤常延後爆發、損害擴大
長期影響	團隊持續優化、形成制度學習迴路	組織停滯、問題重複上演
領導風格	問題導向、協同處理	懲戒導向、責任切割

三種做法，讓錯誤能說出來

1. 主動示範錯誤承認

主管可以從自己開始，分享曾犯的錯與學到的事。當團隊看到「主管也會錯，但也願意改」，會更敢面對自己的錯誤。

2. 制度化錯誤回報

設立匿名通報管道或錯誤月報，讓員工可以不怕丟臉地回報問題。搭配正向回饋制度，錯誤回報才能成為文化。

3. 獎勵改善而非只處罰錯誤

對於提出錯誤並參與改善者給予肯定，例如公開稱讚、給予提案獎金、記入績效。如此一來，錯誤的揭露就與正向的回報連結，而非與風險掛鉤。

延伸案例：錯誤分享會成為創新引擎

一家新創軟體公司每月舉辦一次「錯誤分享會」，不限部門，任何人都可登記上臺說明自己這個月做錯的一件事與後續學習。分享者會獲得「創傷智慧徽章」並列入內部文化年報。最初員工覺得荒謬，後來發現這制度讓大家開始學會說實話。

有工程師在一次分享中提到：「我上線的代碼導致兩百位使用者資料

混淆，但我在分析原因時，學會怎麼在測試階段就攔下這類風險。」結果該分析方法後來變成團隊新標準流程，反而提升整體品質。

主管事後說：「我們花了一點點文化成本，但省了很多維修成本。」這是一種看似花時間「說錯誤」，實際上卻在縮短學習曲線的策略。

小節總結：錯誤是入口，不是禁忌

一個團隊會不會進步，不在於錯的多寡，而在於能不能說錯、能不能改錯。錯誤不怕，只要能讓它變成學習資源；怕的是，整個組織從上到下只學會掩蓋、轉移、推諉。主管若能領頭示弱、歡迎問題，才真正有機會打造一個會自我修復的團隊。錯的不是你，而是如果錯了你還不敢講，那才真的錯了。

◇第六章　帶隊一定會出錯：但主管要學會怎麼解局

第六節　記得每個錯都是團隊的學費

錯誤不是成本，而是換來進步的學費

主管常常直覺地把錯誤視為「損失」，尤其是當錯誤導致客訴、延遲、金錢損耗時，更會急著找責任人、補洞、止血。但錯誤其實就像學費一樣，錢已經花了，更重要的是：「我們學到什麼？」如果什麼都沒學到，這才是真正的浪費。

一個高效團隊，會在每次錯誤中留下集體記憶與改進方法。錯誤不只是某個人的經驗，更是整個團隊下一次做得更好的基礎。主管要做的，就是把每一次跌倒，變成一份全體共用的筆記。

案例：包裝錯誤，換來 SOP 的升級

2023 年，一家保健食品公司因為設計疏忽，導致兩款產品包裝設計顏色過於相近，使得物流與門市人員頻頻誤判，出貨錯誤率飆升。最初營運單位將錯誤歸咎於倉儲人員，但設計部門卻認為顏色辨識度早有提醒，最終導致跨部門的緊張與推卸責任。

當時新上任的總經理介入，沒有立刻處分任何一方，而是要求三部門聯合召開「錯誤學費會議」。會中不談責任，只談過程、預防與制度。他問了三個問題：「這件錯誤的成本是多少？」、「哪些警訊曾出現但被忽略？」、「未來怎麼讓同樣的事不再發生？」

經過三次工作坊，團隊共同建立了一套全新「包裝設計審查規範」，包含色差審核流程、樣品測試庫以及跨部門預覽制度。該規範施行半年後，公司整體出貨錯誤率下降近六成。

總經理後來在內部發言中提到:「這次的錯誤花了我們十萬塊,但省了未來一百萬的麻煩,這就是學費。既然花了,就要學到值得的東西。」

組織記憶比個人記憶更關鍵

在組織心理學中,「錯誤記憶系統」是一種能夠幫助組織不重蹈覆轍的重要資產。若錯誤經驗只存在於當事人腦中,那麼當他離開或輪調,學到的教訓也會隨之消失。反之,若組織有能力將錯誤轉為可重複學習的內容,才能真正累積智慧與改進能力。

團隊的錯誤管理文化,不是「出錯就記名字」,而是「出錯就記方法」。當方法被整理、文件化、分享並內建制度中,才算真正把錯誤轉化為投資報酬。

建議圖表:錯誤是懲罰 vs. 錯誤是學費

對錯誤的觀點	錯誤是懲罰	錯誤是學費
主管反應	查人、處分、交差	分析、討論、建立改善制度
員工感受	恐懼、閃躲、推卸責任	誠實、參與、願意面對
處理方式	針對當事人、一次性處置	全體參與、流程化、文件化
長期效果	相同錯誤不斷重演	組織知識累積、錯誤率逐年下降
團隊成長	個別承擔,難以學習	集體成長,形成標準與預警能力

延伸案例:客訴分析制度的建立

某間電子支付新創團隊在一年內連續遭遇三次客訴危機,分別涉及付款失敗、退款延遲與客服回覆錯誤。過去這類事件通常由客服主管處

◇第六章　帶隊一定會出錯：但主管要學會怎麼解局

理並回報營運部，但從未追蹤改進。

後來團隊轉向建立一套「客訴學費報告」制度，每週將所有重大客訴記錄進系統，分為「人為疏失」、「流程落差」與「技術缺陷」三類，並要求各負責部門每月繳交對應改善報告。

半年後，不但客訴件數下降三成，甚至有幾位工程師主動提出客訴預警模組開發，進一步防堵尚未浮現的潛在錯誤。主管表示：「如果一個錯誤能讓工程師開始預想十個可能錯誤，那這筆學費就很值得。」

三種做法，把錯誤變成團隊教材

（1）建立錯誤資料庫：將重大錯誤案例文件化，讓新進成員能閱讀、模擬與理解背景脈絡。

（2）錯誤共學日：每季舉辦一次部門錯誤回顧日，讓團隊一同檢討與重新設計制度。

（3）主管帶頭記錄失誤：主管可在週會中分享近期一件自己的小錯與調整改進方式，建立示範效果與心理安全。

小節總結：錯誤是一種長期資產

當一個組織懂得把錯誤視為學費，而不是代價，整體的修復能力與進步速度會比其他組織快得多。這樣的文化不會讓錯誤變多，而是讓錯誤不再白費。會讓人學到的錯，是值錢的錯；會讓團隊長大的錯，是被珍惜的錯。記得每個錯，團隊就會越來越強。

第七節　有制度就說清楚，沒制度就一起補上

模糊會讓錯誤重演，清楚才能防錯於未然

在組織中，很多錯誤不是因為個人不認真，而是制度不清楚、規範不一致、標準不明確。主管如果總是靠「大家都應該知道吧」來推動流程，那錯誤就會一再重演。

最有效的管理不是處處提醒、親自盯人，而是把制度設計得足夠清楚，讓大家知道什麼該做、怎麼做、何時做，以及做完之後怎麼驗證。制度說得越清楚，責任越能明確，錯誤就越能減少。

案例：沒說清楚，出錯的是流程，不是人

某間大型電商平臺在雙 11 促銷檔期，出現物流倉出貨延誤，導致數千筆訂單無法如期配送，引發大量客訴。主管第一時間詢問負責人，對方回應：「我以為活動日程有延後，系統排程就沒改。」事後追查，才發現內部流程中對於促銷期間的例外排程並無明文規定，每次都靠口頭交辦或員工自行判斷。

最後該部門緊急召開流程盤點會議，制定促銷檔期應變指引，並建立例外處理 SOP，包含時間表、責任人、交接格式等細節。半年後，再次面對大檔期，全流程未再出現延誤。

主管在檢討會議上說了一句話：「這不是你們的問題，是我們沒說清楚讓人做錯。制度不寫清楚，最後會讓每個人都手足無措。」

◇第六章　帶隊一定會出錯：但主管要學會怎麼解局

沒制度不可怕，最怕的是明知沒制度卻不補

有些主管會說：「我們還沒那麼大，不需要這麼多制度。」但制度不是為了公司規模，而是為了避免讓員工靠猜的方式做事。當員工總是問：「這個可以嗎？這個有誰負責？這要交給誰簽？」就表示制度該補了。

制度是一種共識、是一種約定、更是一種對錯誤的預防。主管的責任不是自己都記得，而是要讓所有人都查得到、看得懂、做得到。制度不是限制，是導航。

建議圖表：制度不清 vs. 制度完善的日常對照

項目	沒制度或制度模糊	制度完善且執行一致
員工決策依據	靠經驗、問人、猜測	依流程圖、規範與指引行事
錯誤發生時	推責、爭執「誰說要這樣做？」	回查制度、對照標準流程處理
新人上手速度	慢、需要口頭引導	快、有文件與操作手冊
組織穩定性	高度依賴老員工、制度難複製	標準化運作、可規模化擴張

延伸案例：小團隊制度補起來，大成長更穩定

一家教育科技新創團隊，初期為節省時間，專案流程全靠 Slack 留言、Notion 簡記，導致任務常出現「誰負責、誰確認、什麼時候交」不一致狀況。後來有一次因講座日期確認錯誤，造成線上平臺錯誤預告，引來合作單位質疑其專業性。

創辦人反思後，決定花兩週時間全面補制度。他們將每個對外活動流程分成六步，寫成 SOP 並建立模板表單，由 PM 主導所有交付物與排程確認。短短三個月內，流程穩定度提升，新人平均上手時間縮短至原本一半，合作單位對其專案流程的正向評價也明顯提升。

第七節　有制度就說清楚，沒制度就一起補上

創辦人表示：「一開始我們怕制度讓人覺得官僚，但後來發現制度是讓大家自由做事的保護傘。」

三種做法，把制度補齊又好懂

1. 把「常問問題」整理成制度手冊

不用寫長篇大論，但要把常見情境有邏輯地寫清楚，讓新人看得懂。

2. 制度不是貼牆上，而是活在流程裡

開會、任務指派、交付物驗收時，讓制度成為依據，而不是應付稽核的表格。

3. 制度要定期檢討、優化

制度不是一次定好就永遠有效，要定期問：「這個做法還適用嗎？有沒有哪裡多此一舉？」

小節總結：制度不是限制，是集體導航

制度不是為了管人，而是為了保護人。清楚的制度可以讓責任不落實、流程不漏接、錯誤不再重演。主管的責任不是自己記住全部細節，而是讓制度記住、讓團隊信任。當你願意補制度，組織就有能力補破口、補信任，也補上每一次成長的可能。

◇第六章　帶隊一定會出錯：但主管要學會怎麼解局

第八節　勇敢認錯是主管的基本盤

不會認錯，就無法帶人

在多數組織文化中，「主管不能犯錯」是種潛規則。但實際上，升上主管後，錯誤仍然會發生，只是錯誤的處理方式，會決定團隊對你信任的程度。有些主管為了維持權威，不願認錯，把問題推給下屬；但這樣做，只會讓團隊士氣下滑、風險升高。

真正有肩膀的主管，會在第一時間承認：「這是我沒想周全」、「我那時判斷錯了」，並且提出補救行動。這種態度不但不會削弱威信，反而會讓人更願意跟隨你。

案例：認錯讓團隊更信服，而非更懷疑

某知名連鎖餐飲集團在疫情期間推出「無接觸點餐系統」，第一週即收到大量顧客反應介面難用、流程繁瑣。內部會議上，專案負責主管表示：「這是資訊部門的技術限制。」但當場營運長打斷他，公開表示：「是我沒考慮到高齡顧客的使用習慣，是我的錯。」

他在會後不但主動錄製影片向顧客說明改善進度，也邀請第一線員工提供觀察意見，兩週內完成兩版優化，客訴率大幅下降。

事後有員工表示：「這是我第一次看到高階主管公開說自己錯，但這讓我們覺得這間公司可以講真話、真的在進步。」

第八節　勇敢認錯是主管的基本盤

認錯不是示弱，是責任感的展現

心理學家布芮妮·布朗（Brené Brown）指出，脆弱感是領導力的核心。敢於承認錯誤，等於承認自己不是完美的，也給了團隊空間去面對不完美。反之，越是裝沒事、裝正確，團隊越會壓抑問題、停止回饋。

主管若能以身作則，示範如何在錯誤中修正、在盲點中補位，就會創造一種文化：我們不怕錯，只怕錯了還要裝沒事。

建議圖表：會認錯的主管 vs. 不認錯的主管

項目	會認錯的主管	不認錯的主管
錯誤出現時	主動承認、公開說明	轉移責任、模糊焦點
團隊反應	增加信任、鼓勵回饋	壓抑表達、減少坦白機會
問題處理速度	快速修正、全員參與	延遲修補、只靠下屬自行善後
長期影響	建立安全文化、鼓勵改進	增加推諉文化、錯誤重演

延伸案例：主管認錯救回客戶關係

一家數位顧問公司在執行跨境行銷案時，因語意轉換錯誤導致客戶誤會產品定位，準備終止合約。第一時間業務部門指向外包翻譯人員，但客戶不買帳。主管當機立斷，在回覆信中說明：「是我在審核流程中輕忽了文化差異的風險，這是我必須負責的疏失。」

他後續提出三項補救方案，包括補拍示範影片、重新包裝簡報資料，並安排與客戶的跨語種溝通說明會。結果不僅挽回合作，反而讓客戶追加合作兩個子案。

◇第六章　帶隊一定會出錯：但主管要學會怎麼解局

　　這個過程讓內部員工學到：「推卸責任不能保下客戶，承認並且修正錯誤才能建立真正的合作關係。」

三種做法，幫助主管建立認錯文化

　　(1)固定自省時段：每週安排 15 分鐘回顧自己的錯誤與盲點，養成習慣，讓認錯變自然。

　　(2)建立「錯誤日誌」制度：鼓勵主管每月記錄一次自己處理錯誤的過程與學習，並在會議中分享。

　　(3)與團隊共學錯誤：針對每次錯誤邀請團隊共創改進方案，而不是讓錯誤成為誰的失敗紀錄。

小節總結：認錯不是損失，是影響力的起點

　　主管不是要做對所有事，而是要在做錯時知道怎麼扛、怎麼改、怎麼帶著團隊成長。願意認錯的主管，會讓團隊知道錯誤不等於終點，而是下一步更好的開始。當你能用真誠面對自己的錯，就能帶出一個真實又有韌性的團隊。

第九節　檢討不是針對個人，是修正做法

把錯歸人，是組織學不會的開始

每次出錯後，最常見的反應就是「這是誰的問題？」但這種思維，只會讓員工開始自保、彼此猜疑、推卸責任。真正有效的檢討，不是把矛頭指向誰，而是聚焦在「我們的流程哪裡出問題？」、「哪一段沒接好？」、「有沒有制度沒寫清楚？」

檢討個人，只是解氣；檢討做法，才是解決。

案例：錯誤歸人，換來團隊沉默

某科技公司在新品上市前夕，測試版本的介面出現嚴重錯誤，導致客戶試用反應不佳。產品經理在檢討會議中直接質問設計師：「你怎麼會沒確認這個版型？」設計師雖然當下認錯，但整場會議氣氛凝重，其他人不敢發言。

隔週公司安排客戶回饋調查，發現問題根源其實是跨部門交接時漏掉一項核心規格。這個錯不是設計師單一失誤，而是系統性溝通漏洞。然而，因為一開始焦點全放在「誰做錯」，導致真正的問題無人深究。

團隊最後重新檢討流程，制定一套「跨部門移交準則」，才終於避免類似情況再度發生。

◇第六章　帶隊一定會出錯：但主管要學會怎麼解局

不批人，改方法

心理學家彼得・杜拉克（Peter Drucker）曾說：「錯誤不是個人的缺陷，而是系統的回饋。」換句話說，錯誤是組織提供的學習信號，而非主管責難的藉口。當檢討只針對個人，員工會選擇沉默；但當檢討針對方法，大家才會願意提供資訊、提出建議、共同改善。

健康的檢討文化，是對事不對人。

建議圖表：針對個人 vs. 針對做法的檢討風格

項目	檢討針對個人	檢討針對做法
員工反應	防衛、自責、推卸責任	參與、回饋、建議改善
團隊氣氛	緊張、安靜、不願提問	開放、討論、主動揭露問題
錯誤處理效果	表面過關，問題易重演	真正找出根因、優化流程
長期影響	埋怨、逃避責任文化	共學、集體進化文化

延伸案例：從錯誤中整理出標準操作指引

某南部製造業公司曾因出貨時間差錯而損失一筆國外大單。主管原本想懲處現場調度人員，但被總經理制止。他要求團隊先列出「流程斷點」，後來發現是文件確認流程太過依賴一位資深人員的口頭判斷。

總經理決定設立「多層檢核制度」，所有出貨前需經過兩人交叉核對並回報系統。制度實施後，錯誤率降低九成，並逐步推廣至其他部門。

第九節　檢討不是針對個人，是修正做法

　　這個改變不只是修了流程，更讓所有人知道：錯誤不是誰不夠努力，而是整體設計可以再更好。

三種做法，把檢討變成升級引擎

　　(1) 建立「檢討問句表」：每次錯誤發生後，不問誰做錯，而問「哪一段資訊沒接好？」、「是否流程沒寫清楚？」

　　(2) 固定錯誤回顧週期：每月針對一項錯誤案例進行深度回顧，不為責罵，只為找優化方向。

　　(3) 讓被點名的人變成改善主導者：錯的人往往最了解漏洞，讓他領頭改善，轉化角色與意義。

小節總結：不抓犯人，才能找出答案

　　檢討不是用來指控，是用來升級。當主管願意讓檢討聚焦在做法，而不是個人，就能讓團隊擺脫恐懼，進入成長。錯誤不是證明誰不夠好，而是提醒我們制度與流程還有進化空間。當每一次檢討都讓系統變得更強，那就是最好的領導。

◇第六章 帶隊一定會出錯：但主管要學會怎麼解局

第十節 試錯要有空間，也要有下限

試錯不是亂來，而是帶著邊界的探索

所有創新、優化與改革，都來自「試試看」。但主管若只強調「要敢試錯」，卻沒有給出明確的邊界與底線，反而會讓團隊誤以為「錯了也無所謂」，導致風險累積、信任流失，甚至造成不可逆的損害。

試錯不是無限寬容，而是要設計「可承擔的錯誤範圍」，讓團隊知道什麼是可以嘗試的空間，什麼是不能碰的底線。真正成熟的領導者，不是盲目鼓勵冒險，而是幫團隊定義試錯的風險邊界。

案例：試錯沒下限，導致品牌受傷

某電商品牌的社群行銷團隊為了拉高點閱率，自行發想一系列諧音哏圖行銷，結果其中一則內容涉及對社會議題的不當戲謔，雖然初期流量暴漲，但隨即引來網路撻伐與媒體關注。品牌方不得不在三天內緊急撤文、道歉，並面對客戶退單與信任危機。

後來內部檢討時，主管才發現：「我們常說要創新、敢冒險，但從來沒說過哪些界線不能踩。」這場試錯沒有保護機制，也沒有風險評估流程，變成整個品牌團隊的集體失誤。

沒有底線的試錯，是風險放大器

心理學家丹尼爾・康納曼（Daniel Kahneman）提出「有限理性」概念，強調人在不確定情境下容易依賴直覺做決定。因此，組織若希望員工勇

於試錯，就更應設計「預判錯誤邊界」的系統，降低決策風險。

試錯應該包含三個要素：

- 可承擔性：即使出錯，損失可控、不至於癱瘓運作。
- 可回收性：錯誤可以補救、修正或轉向。
- 可學習性：每一次試錯都能輸出新的知識或制度。

建議圖表：健康試錯 vs. 無界試錯的組織差異

項目	健康試錯	無界試錯
錯誤風險評估	事前設定邊界與底線	無限制、靠個人判斷
主管角色	提供守護框架與錯誤吸收機制	放任決策結果，錯了才追究
團隊心態	敢嘗試也懂得自律	易衝動、推責任、不知所措
長期影響	養成創新能力與風險管理習慣	造成品牌傷害、內部信任流失

延伸案例：設計「容錯測試區」反而激發創意

某數位媒體新創團隊曾在內部建立「試驗實驗室」制度，專門讓員工提出非正式提案，每月選出兩件進行「低成本高回饋」測試。每個實驗限定預算上限、觀察週期、允許失敗次數，所有結果都會進入「試錯學習報告」。

結果一年內該團隊產出三個轉化為正式產品的創新內容，包含一項訂閱模組與一項跨平臺報表工具。更重要的是，團隊信任感顯著提升，大家知道「可以試，但要試得聰明」。

◇第六章　帶隊一定會出錯：但主管要學會怎麼解局

創辦人說：「不是因為我們會容錯才成長，而是因為我們設計了怎麼試錯的制度，才讓大家能放心創新。」

三種做法，幫助團隊試錯不越線

1. 先定義「可容錯區」

明確指出哪些項目允許試錯，例如行銷創意、流程優化，但不能觸碰客戶資料、財務數據等核心領域。

2. 設立「風險評估簡表」

讓團隊在每次提案前評估三項指標：影響範圍、可逆性、備案方案，強化事前思考。

3. 建立錯誤檢討機制

每次試錯都要進行簡要記錄與分享，包括試了什麼、錯在哪裡、下次怎麼改，形成制度性學習資產。

小節總結：有邊界的勇敢，才是真正的試錯

試錯的價值不是在錯了多少次，而是在每次錯誤之後，是否讓組織更聰明。主管不是要讓錯誤自由發生，而是要幫助團隊勇敢試，但不亂試。設下邊界、清楚規則、開會檢討，才能讓試錯真正成為進步的引擎，而不是風險的來源。

第十一節
升上來之後,錯一樣會發生,但不能亂處理

位高責重,錯誤處理的方式才真正分出高下

很多人以為升上主管之後,就代表自己應該比從前少犯錯。但事實是,隨著責任擴大、決策難度提高,你面對的錯誤也會更複雜、更模糊。真正的差別不在於「錯得少」,而在於「怎麼處理錯」。

基層員工犯錯,影響範圍有限;主管犯錯,可能牽動整個團隊、客戶甚至公司資源。一旦處理方式錯誤,不只傷害現場,也會動搖整體信任結構。

案例:主管錯了還強硬,導致整組解編

某上市科技公司內部重整,由新任研發副理推動開發流程變革。他在未與現場工程師充分討論下,強行縮減測試時程並調整排程。結果導致系統上線時出現重大漏洞,使用者損失慘重。

事件發生後,該主管第一時間將問題歸咎給測試組,並要求兩位資深工程師離開專案。團隊因而產生劇烈反彈,三名主管級成員集體提出調職申請,最終整個研發小組遭解編重組。

事後董事長點名指出:「錯本來可解,但錯了還亂處理,就是雙重災難。」

◇第六章　帶隊一定會出錯：但主管要學會怎麼解局

升遷不是終點，是錯誤管理的進化起點

心理學家卡蘿·杜維克（Carol Dweck）提出「成長型思維」理論，強調領導者若能將錯誤視為改進的契機，反而能促進個人與團隊的成長。主管的成熟度，不是看他犯不犯錯，而是看他錯了之後，能不能冷靜分析、妥善溝通、快速調整。

升遷只是職稱升級，但面對錯誤的成熟度，才是領導真正升級的關鍵。

建議圖表：一般處理錯誤 vs. 領導者處理錯誤的差異

項目	一般錯誤處理方式	領導者錯誤處理方式
面對態度	否認、急切撇清	承擔、分析、迅速回應
溝通方式	關門檢討、私下處理	開放說明、同步資訊
處理手段	指責單一部門或人	共識式解方、制度性補強
團隊反應	不安、壓力上升、士氣低落	安心、信任提升、願意共同承擔
長期影響	組織碎裂、錯誤重演	團隊進化、信任強化

延伸案例：高階主管公開錯誤，反成文化轉捩點

一家知名金融科技企業在 2022 年新產品測試期中發生漏洞，影響上萬筆交易。公司技術長在公開簡報中不僅詳述錯誤原因，還主動分享

「是哪個判斷過程有盲點」、「未來怎麼預防」，並開放內部 AMA（匿名問答）讓員工提出意見。

這場面對錯誤的公開處理不僅止血成功，還成為公司內部推動「透明決策」的起點。員工表示：「從主管身上看到不是完美，而是可以承認錯又能帶我們一起解決的韌性。」

三種做法，讓主管面對錯誤更有格局

（1）區分「當責」與「歸責」：主管必須有能力在錯誤發生時承擔責任，但不急於歸咎某人，而是先處理問題本身。

（2）公開說明錯誤脈絡與決策考量：避免員工在資訊黑箱中恐慌，用清楚說明換取信任。

（3）用制度補位而非用人頭止血：把錯誤變成制度升級的素材，而不是製造新的犧牲者。

小節總結：職位越高，越不能用低標處理錯誤

主管不是不會錯，而是錯了不能亂處理。越是高位，越需要高段的錯誤應對力。能冷靜面對錯誤、快速修正、持續優化的領導者，才能帶出韌性強、信任深的團隊。升上來不是證明你不會錯，而是讓你有機會帶著大家一起面對錯誤，走得更穩。

◇第六章　帶隊一定會出錯：但主管要學會怎麼解局

第十二節
真正有肩膀的主管，會保團隊、改機制

主管的責任，是擋在風暴前面，帶著大家調整後面

一位真正稱得上有肩膀的主管，不是只在順境時領功，而是在出錯時扛責任、在混亂中定錨。他們不會急著找代罪羔羊，而是問：「現在團隊需要我怎麼做？」這樣的主管，懂得「保人心，也補制度」，讓團隊在錯誤中學到信任，在制度中找回秩序。

責任不是推走，而是收進來；不是越級指控，而是補位擔當。

案例：主管擋下指責，改機制防止再犯

一家線上支付平臺曾因 App 更新錯誤，導致部分客戶餘額顯示異常，雖未造成實質資金流失，但引發社群爭議。當時高層緊急召開跨部門危機應變會議，產品經理一度被指為主因。

營運總監卻在會中明確表示：「這不是某個人的問題，是我們整體版本審查與發布流程出了問題。先穩住外部，再回來內部優化。」

會後他不僅公開向客戶致歉，也成立工程與產品團隊重新設計上線前的自動化審核與人工作業交叉流程，加入「模擬驗證」與「使用者經驗模擬」雙層確認。該事件之後，公司迄今再無類似爭議，該總監也被員工評為「最能承受壓力又能調整」的主管。

扛得住,才有資格改得動

心理學家亞伯拉罕‧馬斯洛(Abraham Maslow)曾說:「真正成熟的人,不是不犯錯,而是知道自己的錯在哪裡,並願意為之負責。」領導力的厚度,往往展現在錯誤發生當下的承擔力。

當主管在第一線替團隊遮風擋雨,員工就會更願意說真話;當主管不把錯交給單一個人承擔,而是用制度修補問題根源,團隊才會願意持續改善。

建議圖表:保人補機制的主管 vs. 找人扛責的主管

項目	有肩膀的主管(保人補機制)	推責型主管(找人扛責任)
面對錯誤	扛下責任、安定人心	立即歸責、急於劃清界線
應對方式	檢討制度漏洞、召集修正團隊	找出失誤者、強調個人疏失
團隊信任感	提升,產生共識與支持	降低,出現內耗與防備
長期影響	機制成熟、人才願意留下	流動率升高、創新能力受限

延伸案例:從一次出錯,建立全新制度

某創業公司在一次市場擴展中,錯估合作方履約能力,導致一批貨品延遲交付,客戶要求高額違約金。當時業務總監雖非決策主體,但主動向董事會說明:「當時我沒有建立好合作方的盡職調查機制,這責任我擔。」

後續他親自組建「供應鏈風險小組」,設立六項合作方評鑑指標,並引入外部律師共同檢視合約條款,讓之後合作案都經過三級風險評估流

◇第六章　帶隊一定會出錯：但主管要學會怎麼解局

程。該制度推行後，團隊反應：「我們不是再也不會錯，而是我們每錯一次，就強壯一次。」

　　這就是有肩膀主管的力量：錯了不是壓扁團隊，而是幫團隊把錯誤變成進步的跳板。

三種做法，打造能修復的領導文化

　　(1)公開支持當事人，私下協助改善：在外部場域保護員工聲譽，在內部空間協助其學習與修正。

　　(2)制度修正不落人頭：重點放在「以後怎麼防止」而非「現在是誰該負責」，減少處罰文化。

　　(3)建立「錯誤進化地圖」：針對重大錯誤記錄流程、對應行動與制度改進，供全公司共學參照。

小節總結：真正有肩膀的主管，是團隊的避雷針與導航者

　　錯誤總會來，壓力總會到，但真正有肩膀的主管，不會讓錯誤變成內耗，而是變成制度升級的契機。他們會在第一時間穩住人心，接著調整機制，最後把經驗分享出去。這樣的領導力，不只是抗壓，而是有方向、有力量，也有持續打造信任的能力。

第七章
跟你一起成長：
主管的高度決定團隊的速度

◇第七章　跟你一起成長：主管的高度決定團隊的速度

第一節　當主管不是終點，而是學更多的開始

當你成為主管，你才真正開始進入學習深水區

很多人以為當上主管就可以「教別人」、「管事情」，但現實是，這才是學習的起點。主管不只是職稱升級，而是學習難度全面上升。你不只要會做事，還要懂得帶人、懂得組織資源、懂得管理情緒與矛盾，更重要的是，你必須學會持續學習，才能撐住這個位置，撐住團隊的未來。

主管是唯一「升上來還得繼續從頭學」的職位。因為每個人升上來前，靠的是專業與執行力；但升上來之後，靠的是策略、信任、教練力、制度設計與決策判斷。這些能力，不會在你升官當天自動出現，而是你必須重新開始學習的一整套新功課。

案例：從業務菁英到卡關主管，重新學習才走出來

某軟體公司一位資深業務，連續三年業績第一，公司升他當業務部主管。他以為只要把成功經驗「教」給團隊，大家就會跟上。但一年內，他的團隊不僅業績沒起色，還有兩位成員轉調，他自己也感到極度挫敗。

直到某次參加內部領導力課程，他才驚覺：「我沒有真的學會怎麼當主管。我把大家當小我，卻沒有理解他們的問題；我會做事，但我不會幫人學會怎麼做事。」

課後他開始改變帶團方式，從一對多指導，變成一對一教練，從自己上場變成讓人練習。他說：「我不是放棄做主管，而是重新開始學當主管。」這個轉變後，他的團隊業績逐季成長，更重要的是，離職率明顯下降。

第一節　當主管不是終點，而是學更多的開始

升上主管，就是從專業者變成學習型領導者

根據《哈佛商業評論》針對全球升遷主管的調查，超過六成新任主管認為升遷後最大的挑戰是「不知道該學什麼，也不知道從哪裡學」。因為主管不像職能培訓有標準流程，領導力需要在情境中學，在錯誤中修，在回饋中長。

因此，升上主管不是獲得答案，而是開始學習如何問對問題，學會在資訊不完全下做決定，學會帶著團隊一起學，而不是假裝自己無所不知。

建議圖表：升上主管後的學習轉換

能力面向	原本專業角色	升任主管後
知識來源	靠經驗累積、標準流程	靠學習新領域、跨部門視角
解決問題方式	自己執行、快速處理	帶人思考、建立機制
判斷依據	過去成功經驗	情境彈性與長期規劃
學習需求	技術更新、流程優化	領導力、教練力、溝通與管理技巧

延伸案例：主管學習社群成為成長加速器

某科技業領導人在一次訪談中提到，自己剛升為部門主管時，每天感覺「好像在假裝我懂」，直到參加一個跨公司主管學習社群，才知道「原來大家都在學，沒有人天生就會當主管」。

他開始每週閱讀一本書、每月參加一次工作坊、每季邀請其他主管互評管理盲點。三年後，他不只升為副總，還成為新任主管的導師。他說：「學得多，不是為了比人強，而是讓團隊少走冤枉路。」

◇第七章　跟你一起成長：主管的高度決定團隊的速度

三種做法，讓升任主管的你持續進化

（1）建立個人學習清單：針對領導、溝通、制度設計三大面向，每半年設一項自學任務。

（2）主動參與跨組織學習社群：別只學公司內部的做法，走出去跟其他主管互動，能看到盲點與突破口。

（3）建立「團隊回饋問卷」：讓部屬匿名提供回饋，你才能知道自己在哪些帶領方式上還有進步空間。

小節總結：主管之路，是開始不是終點

升上主管，不代表學習的結束，而是重新回到起點，只是這次學的是「如何讓別人變好」。當你開始學著看懂人心、帶動節奏、修補制度，你就不再只是個「被升的人」，而是個能帶人一起成長的人。這就是主管的格局起點。

第二節　團隊學習快,你才能放手升級

主管成長的速度,取決於團隊能否跟上

許多主管卡在原位,不是因為能力不足,而是因為團隊還沒準備好承接更多責任。你越能放心交棒、讓人接得住,你自己才有機會抽身升級。主管的天花板,往往就是團隊的地板;只有把地板墊高,你才能往上走得穩。

若一位主管什麼都要自己盯、自己修、自己決定,表示團隊尚未成熟、制度尚未健全。相反地,若團隊能自動運作、主動承接挑戰,主管才能有空間學更高層次的任務,進入策略、跨部門協調與組織設計等更高階領域。

案例:主管願意放手,團隊也快速升級

一位在科技製造廠的生產主管,原本總是親自處理排程、追料、處理異常。團隊看似穩定,但他每週工時超過 70 小時,無法抽身參與跨部門會議,也無法接下更高層的任務。

後來他改變策略,開始讓兩位資深同仁各自負責一條產線排程與現場處理。他每週固定召開複盤會議,只問兩個問題:「你這週最困難的是什麼?你覺得下週怎麼會更好?」

三個月後,團隊不僅自主管理能力提升,他也終於能專注在優化整體生產策略,並在半年內升任廠區營運總監。他說:「不是我變得更厲害,是我願意讓團隊變得更厲害。」

◇第七章　跟你一起成長：主管的高度決定團隊的速度

團隊能越學越快，主管才有餘裕升級

根據美國管理學者茱莉・祖克曼（Julie Zuckerman）提出的「領導替代理論」，一個有效的領導者，應該逐步讓自己的角色從「決策中樞」變成「能力賦能者」。當團隊具備自主思考、解決問題與回報能力時，主管才能把精力轉向更大的格局與更長遠的策略。

這也代表：當你的團隊能夠「不需要你」，其實代表你升級的準備成熟了。

建議圖表：團隊學習速度 vs. 主管升級空間

團隊狀態	團隊依賴高	團隊學習快
任務執行	靠主管指示、缺乏主動性	主動提案、會自己找答案
問題解決	主管解決大多數情境問題	團隊能獨立處理80%以上問題
回報頻率	有問題才講，主管需高密度追蹤	定期回報進度，有能力自我監控
主管狀態	被任務綁住，無法抽身思考策略	有空間布局、學習新任務

延伸案例：交棒是升級的起點

一位在廣告公司的創意總監，原本總是一手包辦每場簡報的主軸發想與提案簡報。團隊習慣等指令、不敢超越。某次因突發家中緊急狀況，他被迫交由一位資深設計師全權處理客戶簡報。結果該案不但順利

第二節　團隊學習快，你才能放手升級

簽約，還得到客戶稱讚「溝通清晰、有創意風格」。

這個突發事件讓他驚覺：「我一直以為只有我能撐起簡報，但其實是我沒給他們機會去撐。」從此他啟動「輪流主導簡報制度」，讓每位設計師每月主導一次提案。

不到一年，公司內部升任兩位中階主管，他自己也成功轉任策略長，專注於客戶關係與品牌布局。他說：「願意交棒的人，才能越走越遠。」

三種做法，讓團隊學快一點，主管放得下一點

1. 設定學習任務，而非交代指令

把交辦事項改成「學習挑戰題」，例如「你覺得這件事該怎麼做？試做一版我們再一起看」。

2. 建立「挑戰代理人制度」

每月選一人負責處理一項主管原本在做的事，讓團隊實際操練，並提供回饋。

3. 定期檢討不是問成果，而是問學習

每次專案後開一場學習檢討會，聚焦在「過程中學到什麼、下次要怎麼做更好」。

小節總結：放手不是放掉，是幫助他人接得住

當你的團隊學習越快、思考越成熟、反應越主動，你就越能把焦點從「幫忙處理」轉向「協助成長」。主管若永遠都在第一線補洞，就永遠抽不出來布局。真正的升級，不是讓自己更厲害，而是讓別人也能變得厲害，這才是你能升上去、穩下來、走得遠的關鍵。

◇第七章　跟你一起成長：主管的高度決定團隊的速度

第三節　建立內部分享機制，比什麼都重要

沒有經驗傳承，組織就會停在原地

很多團隊明明做過不只一次專案，但每次都像是重新開始。不是大家記性差，而是沒有設計「讓經驗留下來」的制度。真正高效的團隊，不是每次靠奇蹟完成任務，而是有能力把學過的、做過的、踩過的雷，變成讓所有人看得懂、用得上的集體智慧。

主管最重要的任務之一，就是建立這種「可複製、可傳承、可共學」的內部分享機制。讓每個人不只學自己在做的事，也能從別人的任務中找到靈感與方法。

案例：有了制度，知識才不會隨人走

一家 AI 系統整合公司，曾在兩年內換了三任專案主管。每位主管離職時，帶走了大量流程細節與解法筆記。導致團隊常在專案進行中出現「怎麼這段沒有說明？」、「上次怎麼做的？」的情況。直到有次因應標案需求急件出錯，公司高層才正式設立「任務知識轉移 SOP」，每一個階段結束前都需提交標準紀錄表、心得分享簡報與改進建議。

實施一年內，不但新進員工的上手速度縮短三分之一，整體錯誤重複率也下降將近五成。資深主管說：「分享不是浪費時間，是減少下次浪費時間的根本。」

知識分享要有制度，不是靠好心人

教育理論家愛丁納・溫格（Etienne Wenger）提出「實務社群」（Communities of Practice），強調組織的專業學習若缺乏共同語言與知識交換場域，就會使經驗碎裂。建立內部分享機制的目的，就是讓知識不再藏在少數人腦袋，而是活在團隊系統裡。

真正有效的分享機制，不是等人主動願意分享，而是制度上讓「學完就教、做完就寫、做錯就說」變成習慣。

建議圖表：沒有 vs. 有內部知識分享機制的差異

項目	無知識分享機制	有制度性分享機制
經驗傳遞方式	口耳相傳、靠記憶	文件化、流程圖、學習簡報
錯誤重複率	高，常常「怎麼又犯一次？」	低，常見錯誤會被預先提醒
新人學習速度	慢，需靠資深帶	快，可自學並查詢
團隊信任感	彼此防備、資訊藏著不說	願意分享、主動請益

延伸案例：分享制度帶動跨部門學習

某零售電商在年中檢討時，發現某次活動操作極成功，但成效細節都掌握在兩位企劃人員手上。高層立即要求各部門建立「專案後共學簡報制度」，並以 5 分鐘為限進行簡報，讓所有部門都能吸收經驗。

這項制度推行不到半年，不但促成更多跨部門合作，更意外激發了「挑戰專案分享王」的活動，提升了分享動機與團隊榮譽感。企劃主管表

◇第七章　跟你一起成長：主管的高度決定團隊的速度

示：「大家開始從『為什麼我要分享』，變成『我可以貢獻什麼給團隊』，這是文化的轉變。」

三種做法，讓知識留下來、流動起來

（1）建立「學習回報表單」：每次任務完成填寫三件事：做什麼、碰到什麼問題、建議下次做法。

（2）安排「交接演講」機制：每位負責人任務結束後，需用 10 分鐘向團隊口頭報告整體重點與學習。

（3）設立內部「錯誤博物館」：每月收集一件錯誤案例，讓大家學到「這樣做可能會踩雷」，以幽默方式建立記憶點。

小節總結：分享不是任性，是一種集體成長的制度

團隊做得多，學得少，是組織常見的盲點。主管若能帶頭建立分享制度，不只幫助知識留下來，更能讓團隊從個別學習變成集體進化。真正的高手不是做最多，而是把做過的事轉化為能讓別人也變強的素材。這才是讓團隊變快、變穩、變有未來的根本能力。

第四節　問對問題，比給答案還能激出潛力

主管的任務不是急著解答，而是引導對話

許多主管習慣當「答案提供者」，下屬有問題就立刻回應，認為這樣能展現經驗與效率。但長期下來，團隊就只會等答案、不再主動思考。真正能激發潛力的主管，會讓團隊學會問問題、想辦法、找出方案，而不是被動接受正解。

領導力不是知識優勢，而是提問的藝術。會問問題的主管，能引出對方的思考、釐清誤解、發現盲點，更能啟動學習與成長的動力。

案例：一個問題，引出一整組人的成長

某中型影像創意公司，在一次跨部門行銷企劃會議中，企劃主管面對一份品質參差的提案簡報，沒有立刻修改或責備，而是問：「如果你是客戶，看到這份簡報，最在意的是哪一頁？」團隊一時靜默，接著開始逐頁檢視、彼此討論，並主動修改內容。

這場原本可能演變為責備與重工的會議，反而變成一次全體對「換位思考」的學習經驗。該主管事後表示：「我不是沒答案，而是我想讓他們自己練習找到答案。」

問對問題，比給答案更具引導力

根據心理學家愛德華・迪西（Edward Deci）與理察・瑞安（Richard Ryan）自我決定理論（Self-Determination Theory），人們在「自己選擇方

◇第七章　跟你一起成長：主管的高度決定團隊的速度

向、自己解決問題」的過程中，會產生更深層的內在動機與責任感。

主管若總是搶答，只會讓團隊失去主動探索的機會。反之，適當地停下來問：「你認為這樣安排會遇到什麼風險？」、「還有沒有別的做法可以試？」才能讓對方開啟真正的思考與學習路徑。

建議圖表：給答案 vs. 問問題的領導差異

項目	給答案的主管	問問題的主管
團隊反應	接收指令、被動執行	主動思考、參與討論
問題處理方式	主管決定一切	團隊共同釐清、分析與決策
學習深度	限於任務完成	延伸至原理理解與經驗轉換
長期影響	團隊依賴度高、難培養獨立判斷	團隊思辨力強、創造力提升

延伸案例：主管引導式提問，打造自主型團隊

一家工業設計公司，內部轉型專案導入「主管不說答案」原則，每位主管每週需提出三個開放式問題，引導團隊思考，而非立即下指令。初期員工有些不習慣，但幾個月後，發現大家不再依賴主管判斷，而是開始提出預案、比較優劣與主動修正。

其中一位主管分享：「以前我常說『你照我講的做就好』，現在我會問『你有幾種做法想過？我們來討論看看』，沒想到最後做得比我想的還好。」

這種從提問出發的文化，讓團隊學會了面對未知與彈性挑戰，不再只是執行者，而是共同設計者。

三種做法，讓你問出真正有用的問題

(1)從資訊問起，不從結論問起：少問「為什麼沒做好？」，多問「你目前有哪些資訊？還缺什麼？」

(2)給空間，不急著補答案：問完問題後，刻意沉默 10 秒，給對方反應時間，培養主動思考習慣。

(3)建立「提問日誌」：每週記錄一次你問過最有啟發性的問題，幫助自己成為更敏銳的引導者。

小節總結：會問，才是真正的帶領

一個主管能不能成為團隊的加速器，不在於你回答多快，而在於你讓別人想得多深。真正有力量的領導者，不是站在前面說答案，而是站在旁邊問出對的問題。會問問題的主管，不只帶人完成任務，更能帶動對方成長。

◇第七章　跟你一起成長：主管的高度決定團隊的速度

第五節　每個人都能進步，只是節奏不同

看見每個人的潛能，也尊重每個人的節奏

在管理實務中，最常見的錯誤是：用同一把尺衡量所有人。主管容易把自己的成長速度或少數頂尖成員的表現當作標準，去要求整個團隊。但事實上，每個人的學習歷程不同、背景不同、遇到的挑戰也不同。主管的任務，不是拉快全部人的速度，而是陪伴每個人找到自己最好的節奏。

領導不是統一，而是差異化的支持。你越能理解這點，就越能在不施壓的情況下促進進步；反之，若用一種速度、標準、節奏去評價所有人，只會讓快的更焦慮、慢的更挫敗。

案例：同一制度，不同節奏，才能真正普遍成長

某家醫療器材公司推行新人訓練制度，內容包含三週流程學習、一個月小型任務測驗與第三個月正式考核。結果發現，同樣流程，有的人兩週內就能獨立執行，有的人到第八週仍需指導。初期主管打算縮減支援資源，讓「太慢的人自動淘汰」。

但人資主管提出資料分析，發現那些「慢一拍」的員工在穩定度與細節處理能力上表現優異，離職率也明顯較低。後來公司調整制度，改為三種訓練節奏路徑：快進型、穩健型與重建型，並依照觀察與對談決定分流。

結果一年內整體新人留任率提升 25％，錯誤率下降近四成。總經理說：「不是放慢節奏，而是找到對的人用對的速度。」

尊重差異，是提升整體表現的基礎

教育心理學者霍華德‧迦納（Howard Gardner）提出多元智力理論，指出人類學習有語言、邏輯、肢體、內省等多元形式。主管若能理解學習風格與進步速度的多樣性，就能量身打造回饋與支持方式。

不要求一致快，而是確保每個人都在往前，是團隊真正有韌性的核心。

建議圖表：一視同仁 vs. 一人一節奏的差異

項目	一視同仁（同進度）	尊重節奏（差異化支持）
員工學習感受	壓力大、挫敗多、易自我懷疑	被理解、有信心、有支持感
成效表現	一部分快者突出、多數易卡關	整體穩定提升、風險分散
團隊文化	比較、焦慮、怕落後	同理、互助、願意請教
長期發展	易出現倖存者偏差，人才流失	各型人才都有空間發展

延伸案例：設計個別成長歷程，提升整體戰力

一家新創電商公司引進個人化教練制度，每位主管需為團隊成員建立「成長檔案卡」，記錄其擅長領域、挑戰困難、回饋風格與學習節奏。每月固定一次對談，詢問進度與困難點，並依照狀況調整任務難度與支援頻率。

實施半年後，績效提升的並非只有原本表現突出者，反而是過去總被認為「學得慢」的成員展現顯著進步。團隊也逐漸形成一種氣氛：「慢不等於差，只要不斷往前，就會被看見。」

◇第七章　跟你一起成長：主管的高度決定團隊的速度

　　這個機制讓主管懂得：「領導不是鞭策，而是陪伴每個人突破自己的節奏瓶頸。」

三種做法，讓不同節奏的人都能持續進步

　　(1) 建立「節奏觀察紀錄表」：主管每月記錄一次成員的學習表現與回饋速度，辨識出個別特性。

　　(2) 採用差異化任務設計：對於進步快者給予挑戰性任務，對於需多嘗試者給予重複性練習。

　　(3) 打造「對話式回饋時段」：每兩週提供 10 分鐘一對一回饋，不只是糾正錯，而是鼓勵與引導。

小節總結：快不一定是好，穩定進步才是真正的成長

　　領導的藝術不在於讓大家「同時跑完」，而在於讓每個人「持續往前」。你越能理解節奏的差異，就越能幫助團隊整體進步得穩、進步得廣、進步得久。記住：看見每個人的步伐，就是讓他們走更遠的起點。

第六節　課程不夠，日常回饋才是最大成長場

教育不是集中式灌輸，而是分散式修正

許多企業花大筆預算為主管與員工開設課程，但回到日常工作現場，表現與改變卻不明顯。這不是課程無效，而是「只有課程」不夠。真正讓人持續進步的，不是年初那一場工作坊，而是每週、每天、甚至每次任務後的即時回饋與微調修正。

課程給的是概念，回饋帶來的是行為。主管若沒有養成「平常就給建議、即時就做提醒」的習慣，再多的訓練也會變成一次性的知識消費。

案例：課後無跟進，學完如同沒學

一家中型連鎖健身品牌，安排全臺灣門市主管參與三天兩夜的管理課程，包含帶人技巧、績效回饋與教練對談技巧。課程反應熱烈，學員自評高分。但三個月後，總部檢視各分店關鍵績效指標發現，只有三間門市展現明顯改變。

進一步分析發現，這三間的共通點是：店經理在課後每週安排一次 15 分鐘一對一會談，針對工作過程中遇到的困難給予即時回饋與支持。其餘門市則回到原本管理模式，課程內容逐漸淡忘。

總部人資主管說：「我們以為學習是辦完訓練課，但事實上，是建立一套日常裡能持續回饋的文化。」

◇第七章　跟你一起成長：主管的高度決定團隊的速度

心理學視角：日常才是改變的主戰場

根據行為心理學家史金納的操作制約理論，行為若能在發生當下或短期內獲得正向回應或修正，更容易內化與轉化為習慣。反之，若行為與回饋脫鉤，即使知識再豐富，也不易落實行為改變。

主管的角色不是成為老師上課，而是成為回饋機器，在對的時候說對的話，讓對的行為長出來。

建議圖表：只有課程 vs. 搭配日常回饋

項目	只有課程	搭配日常回饋
學習記憶	單次輸入、容易淡忘	多次複習、強化內化
行為落實	缺乏具體場景、難應用	即時對照工作內容、立即修正
員工感受	學過但沒用上、覺得脫節	感覺被看見、學了有用
長期效果	知識存在於文件、非行為	知識轉化為日常決策與反應

延伸案例：制度化回饋，勝過單次學習

一家物流新創公司導入「週回饋制度」，每位主管每週需為兩位團隊成員提供一次具體、正向或修正向的回饋，內容需記錄於 HR 平臺備查。該制度導入前，團隊績效表現分布不均、溝通氣氛緊繃；導入後三個月，員工調查顯示「主管願意主動給建議」的比例從 32% 提升至 86%。

負責該制度的執行長表示:「我們做的不是管控,而是讓回饋變成習慣、變成自然節奏,就像每週開例會一樣重要。」

三種做法,把日常變成學習場

(1)建立「日回饋習慣」:主管每天挑一件事,對一位同仁給一次具體建議,養成細水長流的改善習慣。

(2)使用「三明治法則」:回饋時用「一優點、一改進、一鼓勵」的順序說明,讓人更易接受。

(3)記錄式教練表單:每次回饋後簡要記錄,方便下次追蹤與對照,也讓員工知道主管有用心觀察。

小節總結:真實改變,發生在工作中每一小步

課程是起點,但日常才是主戰場。主管若能在每一次任務中給出回饋、在每一個錯誤中給出支持、在每一次努力中給出鼓勵,那麼學習就會從一次性活動,變成持續性的文化。讓進步不只是說說,而是看得見、聽得見、記得住的行為軌跡。

◇第七章　跟你一起成長：主管的高度決定團隊的速度

第七節　給練習空間，就會看到成長痕跡

沒有練習的學習，只是理解；有練習的學習，才會內化

在職場上，很多主管對員工的要求是「聽懂了嗎？」但聽懂不等於會做，會做也不代表做得好。真正的成長，來自反覆練習與修正，而不是一次性的理解。主管若希望團隊成長，不該只是講清楚，也要給出練習空間。

學習理論強調「演練是學習的催化劑」。就像開車不可能光靠交通規則的說明會，而是要反覆在場域中操作、出錯、修正，直到動作變成直覺。職場也是如此，沒有練習空間，進步就會卡在知識層面，無法落實在行動層面。

案例：從「觀摩」到「實操」，才是學會的開始

一家數位媒體公司每月都會舉辦內部簡報訓練，早期的方式是安排主管示範，讓新進成員觀摩。大家聽得津津有味，但輪到自己報告時，仍然卡詞、亂跳段落、無法駕馭時間。

後來他們調整做法，採取「上臺實演＋回饋循環」制度，每位新進同仁都需在兩週內上臺模擬報告，並由三位不同主管給予具體建議與修正。半年後，簡報品質顯著提升，甚至有客戶主動表示「你們最近提案越來越穩」。

主管總結說：「以前我們是教完就結束，現在我們是練到會為止。」

第七節　給練習空間，就會看到成長痕跡

心理學觀點：回饋性練習是學習的關鍵節點

心理學家安德斯・艾瑞克森（K. Anders Ericsson）提出的「刻意練習」理論指出，學習成長並非來自經驗年限，而來自於持續練習、接收回饋、微調策略的循環。主管如果只講標準，卻沒有設計練習，員工的能力永遠停留在被動理解階段。

反過來說，練習本身也能強化員工的信心，讓他們在犯錯中看到自己的進步軌跡，從而更有動力去優化行為表現。

建議圖表：只有說明 vs. 給予練習的學習效果

項目	只有說明	有練習與回饋
學習層次	停留在理解層面	進入操作與內化層面
成員狀態	害怕嘗試、怕犯錯	敢試敢改、主動演練
技能提升速度	緩慢、易卡關	快速調整、明顯進步
團隊整體表現	理解度高但成果落差大	成果穩定、進步有跡可循

延伸案例：設定練習區，讓能力循環升級

某家工業自動化公司導入「任務模擬區」，將設備維護與流程調整中的常見錯誤情境建立模擬操作流程，讓新人在正式上線前，至少完成三次練習與一次模擬排解測驗。每次演練皆由導師陪同，事後進行一對一修正建議。

制度上路一年後，新人出錯率下降七成，導師回饋也從「一直幫忙收拾」變成「幾乎不用出手」。副廠長表示：「這不是省下訓練成本，而是提升團隊戰力的投資。」

◇第七章　跟你一起成長：主管的高度決定團隊的速度

三種做法，讓練習成為團隊文化

（1）設計「錯誤安全區」：創造讓員工可以安心犯錯的模擬場景，例如模擬客訴、假設簡報、流程演練。

（2）建立「練習＋回饋＋再試」機制：不是一次練完就結束，而是每次練完即時給回饋，再重試一次形成循環。

（3）記錄成長軌跡表：讓員工記錄每次練習的進步項目與回饋重點，透過書寫強化學習內化與成就感。

小節總結：會給空間的人，才有機會看到蛻變

成長不是從完美開始，而是從允許練習開始。主管不是要讓每件事一開始就對，而是要創造可以慢慢變對的場域。當你給出練習的空間，也就給出信任、承接與進步的機會。記住：練習痕跡，就是未來成長的路徑圖。

第八節　鼓勵提問，比要求背答案更重要

問題本身，就是學習的起點

主管常說希望團隊主動學習，但在實務中卻不鼓勵提問，甚至對「問太多」的人感到不耐。久而久之，團隊學到的不是知識，而是沉默。真正高效學習的團隊，不是背最多答案的團隊，而是能夠勇敢發問、共同釐清問題本質的團隊。

提問是認知的展開，是思考的起點。心理學研究指出，會問問題的人才會形成深層學習結構，主管若只要求標準答案，反而會壓縮員工的思辨力與創造力。

案例：從回答模式轉向提問文化，激發團隊潛能

某家遊戲公司在開發新產品時，原本所有技術會議皆由主管開場指示，研發人員負責執行。專案初期進度順利，但很快遇到卡關，問題來自設計與使用者邏輯不一致，但沒人提問，也沒人挑戰設計假設。

後來改由主管每週設計兩個「探索型問題」作為會議開場，例如：「你覺得這設計邏輯在哪個情境會失效？」、「如果我們從玩家角度來看，哪裡的提示最不明顯？」

兩個月內，團隊自主提出七項功能修正與兩項流程優化建議，產品測試成功率與市場回饋皆明顯提升。主管總結：「我少說兩句，他們多想十步。」

◇ 第七章　跟你一起成長：主管的高度決定團隊的速度

心理學觀點：提問能力強，才會出現轉化性學習

根據教育心理學家的研究，深層學習應該著重在「理解與知識建構」而非單向傳遞。他主張學習者應參與意義的生成過程，從而轉化知識為可應用的理解。這一觀點與心理學家梅林·維特羅克（Merlin Wittrock）提出的「生成性學習理論」不謀而合，認為學習者透過提問與連結舊經驗，能促進真正的理解與應用。

當主管創造「問問題不會被笑」的文化，團隊才敢表現思考過程，進而啟動真正有意義的對話與學習。

建議圖表：只答問題 vs. 鼓勵提問的組織差異

項目	只答問題	鼓勵提問
團隊氛圍	被動接收、怕犯錯怕提問	主動思考、彼此學習
創造力來源	來自主管經驗	來自多方觀點與提問激盪
錯誤預防能力	問題常在執行後才浮現	問題多在前期就被辨識與調整
長期影響	團隊依賴度高、創新乏力	團隊思辨力強、成員勇於挑戰

延伸案例：提問力成為人才指標

一家製造業龍頭企業，在內部升遷考核中新增「提問指數」評分項目，觀察員工是否能在專案過程中提出關鍵問題、挑戰假設、補充盲點。該制度一推出即被廣泛認可，因為過去有不少「默默執行卻缺乏獨立判斷」的中階主管，因提問不足，讓專案方向持續偏離卻無人警覺。

第八節　鼓勵提問，比要求背答案更重要

導入後，公司形成「提問不是質疑，是共同進步」的文化，新人也更容易被看見、被理解。HR總監表示：「會問對問題的人，通常也會帶來正確的資源與決策連結。」

三種做法，讓團隊問出更好的問題

（1）設立「提問獎」或「提問時段」：鼓勵每場會議前五分鐘由非主管人員提問，引發多元視角討論。

（2）建立「常見提問手冊」：將過去曾被問過的好問題記錄下來，讓新人快速進入狀況，也鼓勵模仿與擴散。

（3）主管以身作則示範提問：每週主動公開問出自己一個「還沒想清楚的問題」，降低團隊提問的心理負擔。

小節總結：會問問題的團隊，才能走得更遠

主管的任務不只是教會標準答案，更要教會「怎麼想」。當你鼓勵每個人發問、挑戰、探討，你就是在打造一個真正有學習力的團隊。不要怕問題太多，怕的是沒問題、也不想找答案。提問力，就是團隊未來的競爭力。

◇第七章　跟你一起成長：主管的高度決定團隊的速度

第九節　團隊速度慢，先看是不是自己卡住了

團隊跟不上，不一定是他們不夠力

主管經常感到焦慮：為什麼團隊做事總是慢半拍？為什麼我明明已經說得很清楚，大家還是不動？但多數時候，真正「卡住」的，未必是團隊，而是主管自己。卡在不敢放手、卡在沒有給資源、卡在沒有定方向。

當主管沒有把重點說清楚、流程設計不順、權限交辦不明確，團隊當然無法有效率地前進。真正的領導力，是先檢視自己的位置是否擋在通道上，而不是一味要求下面跑快一點。

案例：決策卡關，讓團隊陷入停滯

某品牌行銷公司在重構形象的專案過程中，負責人始終對 Logo 設計遲遲無法拍板。團隊提案一版又一版，卻遲遲收不到明確的意見與決定。設計部門累積了三週的待辦項目，進度全面延宕。

最終在一次團隊檢討會中，一位資深設計師說：「其實我們不是做不出來，而是不知道你的方向是什麼。」主管當場意識到，是自己「卡在決策」，害團隊原地打轉。

他隔日重設了專案進行規則：三日內給出回應、每次只限三案選一、每案都要有設計意圖說明。從此團隊運作效率提升，主管也不再成為瓶頸。

第九節　團隊速度慢，先看是不是自己卡住了

領導就是先把自己從通道中移開

根據組織心理學者艾德·夏恩（Edgar Schein）的觀察，領導者若無法定義清楚角色、授權與責任分野，常會成為組織系統中的摩擦源，而非加速器。團隊行動的慢，很可能是因為資源在主管手上、決定卡在主管那裡、溝通流程由主管壟斷。

當主管學會放手、讓資訊流動、讓成員自己解題，團隊才會跑得快，主管也才不會累得快。

建議圖表：團隊慢的假象 vs. 領導卡住的真相

項目	表面看起來是團隊慢	實際上是主管卡住
進度延宕	成員動作慢、等待下一步指示	決策未拍板、方向模糊
創意停滯	成員缺乏想法	資訊不透明、標準未定
溝通斷裂	成員不主動匯報	溝通路徑集中於主管，無副線替代
行動猶豫	員工不敢行動	權限未下放、責任未清楚

延伸案例：放手授權，反而跑得更快

某工業設計公司一位資深主管，因習慣「審過再放行」，導致每項流程都需等他過目。某次他因病請假五天，團隊被迫自主解決問題，沒想到不但沒出事，效率反而更高。

◇第七章　跟你一起成長：主管的高度決定團隊的速度

回來後他啟動「權限分級表」，將多數日常決策授權給中階主管，自己只處理例外狀況與跨部門協調。三個月內，專案時程平均縮短 20%，成員滿意度與主動提案次數倍增。

他坦言：「我以為只有我能把關，其實是我一直擋在他們前面。」

三種做法，把主管自己從通道中移開

1. 自我檢視：我在哪裡卡住了？

每週花 10 分鐘列出最近五件延遲的事，問自己：「是不是我在等什麼、沒交代清楚、或沒放手？」

2. 設定「無主管流程日」

每月挑一天由團隊自主管理所有流程，回報該日瓶頸與成功經驗，反向校準制度設計。

3. 建立決策備案機制

若主管未能於時限內回應，由副主管或流程設計自動啟動次優選項，避免系統性卡關。

小節總結：領導不是衝第一，而是讓大家能先走

當團隊走得慢，別急著催人跑，先看看自己是不是站在隊伍最前面擋了路。真正的領導，是願意移開、放手、引導，而不是全部收回、自己處理。你讓出空間，才有可能看到別人的進步。你走開一步，團隊就可能往前好幾步。

第十節　從錯誤裡學到的才記得住

錯誤，是組織裡最珍貴的教材

很多主管把錯誤當成壓力來源，發生了就想立刻解決、立刻結案，最好不要留下痕跡。但真正有效的組織學習，往往不是從成功中得來，而是從錯誤中記住的。錯誤之所以令人印象深刻，是因為它牽動情緒、暴露盲點，甚至改變行為。

錯誤不是結束，而是學習的開始。若主管只在錯誤發生時追責，而沒有引導團隊從中找出成長路徑，那錯誤的代價就白付了。相反地，若能有系統地面對錯、記錄錯、學會錯，組織就會更強壯、更有彈性。

案例：一次錯誤，改變一間公司的制度設計

一間服飾品牌在冬季新品上架時，因標價系統內設定錯誤，造成上千筆訂單標示為舊價格，損失近百萬元。當下客服部門人力吃緊、倉儲作業混亂，主管壓力巨大。

品牌營運長卻選擇不追究個人責任，而是召開「錯誤檢討會」，邀請客服、倉儲、電商、IT部門跨組參與，逐一拆解流程環節，找出觸發點。最後導入「價格雙簽審機制」與「預覽上架沙箱平臺」，再也沒有類似事件發生。

這位營運長後來說：「我不想只記得損失，我想記住這次錯誤幫我們升級了什麼。」

◇第七章　跟你一起成長：主管的高度決定團隊的速度

錯誤記得住，是因為它讓人痛，也讓人成長

　　根據認知心理學家丹尼爾・威靈漢（Daniel Willingham）的研究，記憶容易被「情緒強度」所放大。錯誤發生時若能搭配即時反思與行動修正，能更有效地進入長期記憶系統。這就是為什麼「錯一次就學會了」的效果，往往比反覆聽課還來得深刻。

　　但前提是：主管能夠創造一個讓錯誤被承認、被討論、被記錄的環境，而不是只問「為什麼你會出錯」。

建議圖表：壓錯 vs. 學錯的文化差異

項目	壓錯文化	學錯文化
員工回應	掩蓋、否認、推卸	承認、拆解、找方法
錯誤記錄方式	無記錄、靠記憶	系統記錄、錯誤手冊
組織反應	懲罰個人	優化流程、改善制度
長期效果	士氣低落、錯誤重複發生	經驗累積、系統彈性提升

延伸案例：錯誤紀錄成為培訓素材

　　一家科技服務公司，在每月新人培訓中固定加入「錯誤案例分享」模組，所有內容都來自公司近一年內實際發生過的錯誤，包括操作失誤、決策盲點與溝通斷裂。每位主管輪流上臺講述「自己經歷過的錯」，並分享如何處理、學到了什麼。

　　這項制度原先被質疑會影響主管威信，但三個月後，內部問卷顯示新人對團隊信任度顯著提升，且上手速度比前期縮短 20%。負責推行的

培訓主管說：「我們不想只講成功故事，那會讓新人以為我們都很完美。我們講錯誤，是因為我們願意一起進步。」

三種做法，把錯誤變成學習資產

1. 建立「錯誤分享日」

每月一次團隊分享一件過去錯誤經驗，重點放在「下次怎麼做會更好」。

2. 撰寫「錯誤學習卡」

每次錯誤處理完畢後，負責人撰寫簡要學習心得，存入知識資料庫供他人參考。

3. 設計「錯誤指標觀察表」

針對常見錯誤類型（如溝通、流程、操作）建立追蹤表格，每季進行趨勢分析。

小節總結：錯誤是代價，也是投資

主管不可能讓團隊永不犯錯，但可以讓每個錯誤都不白費。你怎麼對待錯誤，決定你的組織學習得多深、成長得多快。與其花力氣避免每一個錯，不如花心思確保每個錯都能學得住、記得牢、用得上。

◇第七章　跟你一起成長：主管的高度決定團隊的速度

第十一節　不只是升遷，也要升思維

職位變高，思維也要變寬

　　許多主管升上來後，以為只要把原本的工作做得更快、更多、更有效率就好。但升遷，不只是責任變大，更是思維模式要重新調整。從解任務的執行者，轉變為設計任務的引導者；從關注自己做了什麼，轉為看團隊如何更好地做。

　　職位的高度若沒有對應到思維的提升，升得再快，也只是換了張名片而已。真正的升遷，是升出格局、升出視野、升出全局影響力。

案例：升遷後卻卡在原地的中階主管

　　一位在精密製造業工作的生產線主管，從基層工程師一路升上管理職，技術能力一流、現場調度靈活。但升上中階主管後，他仍習慣親自處理所有異常狀況，導致整個團隊無法獨立判斷。

　　更嚴重的是，他在跨部門會議中常因專注細節而無法聚焦策略方向，讓其他部門誤以為「他只是大工程師，不是真正的領導人」。

　　後來他接受一對一主管教練輔導，逐步學習如何「從看流程到看人力配置」、「從查錯到建機制」、「從管事情到養人才」。兩年後他升任營運協理，帶領兩條產線與三組專案團隊。他自己說：「我不是升遷之後才改變思維，而是我思維升級了，才真的升遷。」

第十一節　不只是升遷，也要升思維

心理學觀點：角色認知轉換是領導力的關鍵

哈佛商學院名譽教授約翰・科特（John Kotter）指出，管理與領導的最大差異在於：管理重視效率與穩定，而領導則關注變革與方向。當一位主管只專注在執行效率，卻無法設計出策略與未來圖像，就會讓整個團隊陷入「忙而無章」的運作狀態。

思維升級的第一步，是從「我做了什麼」轉向「我帶大家往哪裡去」。

建議圖表：升遷但未升思維 vs. 升遷且升思維

項目	升遷但未升思維	升遷且升思維
工作重心	解決當下問題	設計未來架構
領導風格	控管、介入每一細節	授權、創造共識
團隊發展	圍繞主管打轉	能自主運作、各司其職
組織影響力	限於自己可控範圍	延伸至跨部門、跨系統影響力

延伸案例：思維升級後，帶出整個部門的轉型

某物流企業的資訊部主管，升遷為資訊長後第一件事不是重新審視技術系統，而是花三個月進行「資訊部角色再定義計畫」。他訪談客戶部門、蒐集缺點、設計轉型路徑，從「工具支援單位」轉型為「營運策略夥伴」。

他將原本封閉的維運組改組為跨部門專案合作小組，並建立 OKR 制度（Objectives and Key Results），讓技術團隊開始學習對營運結果負責。

一年內資訊部不但解決長年積壓專案，更提出三項流程優化創新

◇第七章　跟你一起成長：主管的高度決定團隊的速度

案，創造營收加值近千萬元。他說：「我不只是升了一級，而是把資訊部的影響力升了一層樓。」

三種做法，從升遷走向升思維

1. 每月一次「角色反思會議」

問自己：我現在的角色最重要的任務是什麼？哪些事該交給別人？哪些事只有我能做？

2. 閱讀「他部門視角」的資料

強迫自己每月閱讀一份非自己專業的報告或趨勢文章，訓練全局觀。

3. 設計「未來三個月不做清單」

列出自己原本會親自介入的細節，嘗試逐步放手，讓團隊成員承接，自己則觀察調整與引導。

小節總結：你的思維高度，決定團隊的行動寬度

升遷只是門檻，但思維升級才是真正的成長。當你開始從設計制度、引導方向、放手讓人變好來定義自己的角色，你就不再只是個做事的人，而是讓別人能做好事的人。思維升得高，才是你與團隊一起走得遠的關鍵。

第十二節　好主管不是教人，是讓人變更好

領導的目的不是讓人聽話，而是讓人變強

許多主管認為「把事情教會下屬」就是做好領導的任務，但真正的好主管，不是教你怎麼做，而是幫你變得更好。不是讓你照做，而是讓你有能力選擇正確的做法。

主管的價值，不是成為唯一解答的提供者，而是成為啟動他人學習與成長的觸媒。若團隊的進步只能靠主管不斷糾正，那只是技術傳遞；若能讓每個人都長出自己的判斷與能力，那才是領導力的真正作用。

案例：不再「手把手教」，反而讓人長出實力

一家人力顧問公司，一位經理在帶領新進顧問時，初期總是逐項講解每個流程、逐字修改簡報、每通客戶電話前都先預演。結果新人學得快但依賴重，離開經理就無法獨立操作。

後來經理改變做法，改用「情境任務設計」，給新人一個模擬案場，讓對方自行擬定提案與溝通腳本，事後再一起檢討與調整。從此新人不再等指令，而是開始主動找資料、設想風險、提出替代方案。

半年內該團隊成員平均成交率上升17％，獨立作業比例成長近兩倍。經理總結：「不是我教得少了，是他們變得更強了。」

◇第七章　跟你一起成長：主管的高度決定團隊的速度

心理學觀點：支持式領導，才是高效學習的起點

根據心理學家李夫‧維高斯基 (Lev Vygotsky) 的「近側發展區間」(Zone of Proximal Development)，學習最有效的方式是在「已有能力」與「潛在能力」之間，給予適當的支持與挑戰。

主管若總是把正解講完，員工就無需思考；若完全放手不管，員工又會陷入焦慮。真正有效的領導，是站在適當的距離提供「協助型鷹架」，隨著能力提升逐步撤除，讓對方能獨立站穩。

建議圖表：傳統教學主管 vs. 成長導向主管

項目	傳統教學主管	成長導向主管
領導核心	傳授知識、提供標準	啟發思考、建立能力
團隊行為	被動執行、仰賴指導	主動學習、發展潛力
成長方式	依賴經驗複製	創造學習歷程與反思機制
長期效應	員工成長有限、風險集中於主管	員工自主成熟、組織抗壓性更強

延伸案例：讓人變好的主管，創造倍增效應

一家科技整合服務公司，主管在年度計畫中設立一項特別指標：「部屬升級率」。目的是觀察每位主管是否能夠帶出一位具備獨立任務能力與潛在升遷力的團隊成員。

制度上路一年內，升遷率最高的三位主管，其團隊流動率也是最

低，創新提案數也是最多。這些主管的共通特點是：不急著改正錯誤，而是願意放手讓人練，也願意花時間討論成長卡關點與策略引導。

企業執行長說：「我不只看誰把事做完，我更看誰能讓人變強。」

三種做法，打造讓人變好的領導節奏

1. 建立「成長目標對談日」

每季與部屬設定一次非績效導向的成長目標，注意能力曲線與學習策略。

2. 練習「只問不答」的對話技巧

學習用提問帶出對方思考，而非急著給建議，例如：「你認為目前最值得優先嘗試的做法是什麼？」

3. 設計「教練輪值制度」

團隊內每人每月擔任一次教練角色，彼此練習引導而非糾正，強化雙向學習能力。

小節總結：不是變成最強的人，而是讓人變強的人

領導不等於教學，更不是展示自己的標準答案。真正的好主管，是讓人越來越不需要依賴你，卻越來越信任你；是讓每個人從「被教」變成「主動學」，從「照做」變成「能做得更好」。這才是讓團隊長大、組織升級的領導本質。

◇第七章　跟你一起成長：主管的高度決定團隊的速度

第八章
升得穩,是因為你帶得住:從個人強到整隊強

◇ 第八章　升得穩，是因為你帶得住：從個人強到整隊強

第一節　升遷後的關鍵是讓大家變得更強

領導的真正進階，是帶出整體能力的提升

很多人升上主管職位時，最先想到的是：「我該怎麼證明自己做得比以前好？」但真正的領導力，不是靠自己做得多好來證明，而是靠團隊變得多強來成就。升遷不是終點，而是你能否讓他人一起成長、是否具備組織培育力的起點。

主管如果仍停留在「我能做」的思維，就算升得再快，也會成為瓶頸。反之，當你把焦點放在「我如何幫助他們也能做、甚至做得比我更好」，你不只是在升級自己，更是在建立一支能獨立作戰的隊伍。

案例：主管升了，團隊卻原地踏步

某中部電子零組件公司的研發主管在晉升為部門經理後，仍然習慣自己上場解決所有技術難題，幾乎包辦每個重要專案的架構設計與問題排除。短期內表現依然亮眼，但半年後團隊內部出現明顯落差：中高階工程師難以獨立判斷、進度依賴主管拍板、跨部門合作頻頻延誤。

直到某次重大案場出差，該主管無法即時回應技術支援，導致專案暫停，客戶不滿反映到高層。他才驚覺：「如果只有我強，是不夠的。」

此後他開始重構任務分配，導入雙人承接制度，每一專案皆有副手角色，同步建立「設計師傳承筆記」與每月內部簡報練習制度。半年後，團隊運作更穩定，主管也得以參與更高階策略會議。他說：「升遷不是讓我多做事，而是讓我能放手讓更多人做好事。」

心理學觀點：自我效能感的擴散效應

根據心理學家亞伯特・班度拉（Albert Bandura）的「自我效能理論」，一個人的行為動機與持續力，來自於他對「自己能成功完成任務」的信念。當主管把資源、信任與挑戰機會交給團隊成員，正是在強化他們的自我效能感。

這種信念具有擴散效應，一個人變強會帶動一群人想變強，最終形成正向循環的成長文化。這正是從主管角色邁向領導者角色的關鍵分水嶺。

建議圖表：升遷視角的轉變對照

項目	升遷前焦點	升遷後焦點
成就來源	個人能力與貢獻	團隊能力提升與複製力
重心放置	自己解決問題	協助他人解決、創造可複製的解法
評估標準	任務完成度與效率	團隊整體進步、制度健全度
成員培育策略	即時指導與監督	長期教練與自主能力培養

延伸案例：帶出人，才能升得穩、撐得住

某家網路設備新創企業執行長，在接受一次國際加速器輔導時，被問到：「如果你明天無法參與工作，誰能接下你的角色？」

他一時語塞。回頭檢視組織發現，公司成長過快，每位主管都忙於KPI追趕，卻沒有把培育接班人、培養第二圈戰力視為日常任務。於是他重新設計年度計畫，把「人才遞補圖譜」納入每月主管會議的檢視項目。

◇第八章　升得穩，是因為你帶得住：從個人強到整隊強

結果一年內，公司多位主管能夠順利接手不同部門挑戰，整體團隊流動率降低、晉升路徑也更明確。他說：「我才明白，升得穩，不是因為我很強，而是我帶出一群更強的人。」

三種做法，從升遷邁向整隊強化

1. 設計「能力交接任務」

主管每月選一項原由自己負責的任務，交由團隊成員承接，並提供事後回饋與檢討。

2. 建立「成長進度白板」

視覺化每位團隊成員的能力累積與學習任務，讓全員看見彼此成長軌跡。

3. 導入「雙人領導實驗」

讓每個專案由一位主責與一位副責搭配執行，訓練互相接力與指導能力。

小節總結：升上來之後，要把成長機會交出去

真正的升遷力，不只是證明你自己能做，而是證明你有能力讓整隊都能做、做得好、做得持續。主管若想升得穩、撐得住、走得遠，就要學會把成長的舞臺讓給他人，自己則站在背後搭臺、引路、守住節奏。當你帶得住一群人，自然就能帶得上更高的位置。

第二節　自己做很快，教人做才走得久

一時快不代表永遠有效率，會教人才是真正放大績效的方式

很多主管升遷後仍保有強烈的「親力親為習慣」，總覺得自己做最有效率，與其教人不如自己解決。然而，這種「效率幻覺」反而是組織成長的障礙。你快不代表團隊會快，你做得好不代表大家做得起來。

領導者的時間應該投資在「複製能力、放大組織產能」上，而不是「短期解題、效率跑在最前面」。會自己做，是好員工；能教別人做、建立學習場景與學習節奏，才是好主管。

案例：自己做最快，最後卻是最慢

一間室內設計公司接下數個大型案場。設計總監為了追求品質與效率，親自修改每一張平面圖、親自處理客戶報價與提案報告，短期內案量能準時交付，但半年後身心俱疲。

更麻煩的是，當總監因手術住院兩週，整個團隊無法運作：簡報格式錯誤、客戶回覆延誤、進度控管無章法。

回到職場後他痛定思痛，改變作法：將過往設計修訂經驗撰寫成「修稿準則」、安排資深設計師每週一次「新人過稿模擬訓練」、並建立「任務預判清單」協助設計助理提前布局。半年後，他只需審核 10％ 的案子，其餘由團隊穩定產出。他說：「我終於發現，讓人接得住，比我自己接得完重要多了。」

◇第八章　升得穩，是因為你帶得住：從個人強到整隊強

心理學觀點：從做中學才會形成長期記憶

根據美國教育心理學者戴爾（Edgar Dale）的「經驗金字塔」（Cone of Experience）理論，學習方式越靠近實作與引導他人，就越能形成長期記憶與內化能力。

主管若總是搶著做、取代行動，就剝奪了部屬實作與試錯的機會，反而讓能力養成更慢。只有當主管願意教、願意放手、願意一起反思，成員才會從行動中學習、從錯誤中成長。

建議圖表：自己做 vs. 教人做的效益對比

項目	自己做	教人做
短期效率	高	低，但持續提升
成員能力成長	停滯	穩定上升
團隊持續力	完全依賴主管	可分工合作
組織風險	高，主管不在就停擺	低，結構與制度可替補

延伸案例：一人效率無法換整隊成果

某家電商行銷顧問公司，過去仰賴一位行銷總監「一人搞定所有廣告操作」，成效卓越。但團隊其他人始終停留在文案、美編、上稿等支援工作，無法升任策略規劃。

直到該總監準備轉任集團策略部門，交接階段幾度因無人能承接而延期。後來他重新設計「任務分解培訓表」，將廣告優化邏輯與操作規則模組化、標準化。每位成員每週需獨立提出操作建議，並參與策略模擬練習。

第二節　自己做很快，教人做才走得久

一年後，該部門共有四人具備獨立提案與操作能力，廣告投資報酬率不減反升。總監離職時笑說：「以前是我替大家解題，現在是他們能各自出題、各自破題。」

三種做法，打造可持續的教學型團隊

1. 設計「一週一教練日」

每週挑一天，由主管或資深成員公開示範並說明做事邏輯與背後原則。

2. 導入「教學任務輪替制」

每位成員每月需擔任一次「任務解說員」，將熟悉流程對新人講解與演示。

3. 建立「錯誤回顧教學日誌」

每次專案結束後，由執行者記錄過程錯誤與學習點，轉化為團隊教材。

小節總結：
效率不是自己多快，而是能不能讓更多人做得來

你做很快不代表團隊就能跑得遠。真正能拉高整體戰力的主管，是那種「願意慢一點教，讓大家快一點學」，並且懂得將自己的能力分解、教會、轉化成制度與文化。教會人，不只是責任，更是你職涯穩定與影響力擴大的起點。

◇第八章　升得穩，是因為你帶得住：從個人強到整隊強

第三節　領導人要做組織的穩定器

領導的關鍵功能不是衝鋒，而是穩住團隊節奏

很多人誤以為好的主管要像英雄一樣衝在第一線，什麼都能、什麼都快。但其實在組織變動、壓力升高、不確定感籠罩的時刻，真正能讓團隊持續運作的，是那位穩住節奏、不慌不亂、能把大家撐住的領導人。

主管不是火箭推進器，而是穩壓器。你愈急，團隊愈亂；你愈穩，團隊才有空間找節奏、訂方向。領導的價值不在於速度，而是持續性與韌性。

案例：一人穩定，全隊安心

一家物流系統開發商，在 2022 年遇到主要客戶抽單，加上工程部門離職潮，公司一度陷入士氣低迷。當時工程主管沒有急著做專案救火，而是立即召開小組對談，釐清每個人的情緒與不安來源。

他做了一件簡單但有效的事：公布自己的下一步規劃、承諾三件事不變、開啟「每週五固定穩定會議」，讓大家知道「事情有在處理、不是無主之船」。三週後，團隊出現第一個自發性的流程優化建議，並逐步回穩進度。

該主管事後說：「我沒辦法馬上解決所有問題，但我能做的，是讓大家感覺到穩。」

心理學觀點：情緒傳染與「社會參照」效應

社會學家亞伯・萊斯（Albert Reiss）指出，在不確定環境中，人會透過觀察他人反應來決定自己行為，稱為「社會參照」（Social Referencing）。主管的態度、語氣、應對節奏，就是團隊的參考標準。

你愈是焦慮，團隊就愈混亂；你能穩定下來，團隊自然會形成有秩序的行動模式。這不只影響士氣，更會牽動決策品質與團隊關係。

建議圖表：領導者的穩定力對團隊的影響

項目	領導人情緒不穩時	領導人展現穩定時
團隊情緒	恐慌、猜疑、抱怨蔓延	冷靜、信任、問題導向
決策品質	倉促、反覆、缺乏整合	審慎、一致、有脈絡
問題處理	搶救式、頭痛醫頭	系統性、根源導向
團隊關係	互相推諉、責任模糊	分工清楚、支持互助

延伸案例：穩定帶出效率的軟體專案主管

一家中型 App 設計公司在進行產品改版時，遭遇用戶大量負評與資安漏洞壓力。專案主管被迫面對工程、設計、客服等多方壓力源。

他第一步不是解 bug，而是安排部門協調日、停止新任務派發、整理現況看板，讓團隊知道「所有東西都在軌道上」。同時，他針對每組人員進行每日 5 分鐘 check-in 會議，單純聽進度、不要求產出。

◇第八章　升得穩，是因為你帶得住：從個人強到整隊強

　　三週後，不但回報系統錯誤率下降，團隊主動提出五項優化提案。他說：「團隊不是因為我解決快，而是因為我讓他們能有空間解決得好。」

三種做法，讓主管變成穩定器而非壓力源

1. 建立「固定節奏日」

　　如每週一內部進度共識日、每週五穩定狀態檢核日，讓團隊感受到節奏與方向是一致的。

2. 設置「情緒安定區段」

　　如每日留 15 分鐘讓主管只聽、不批評的開放時間，接收員工情緒回饋。

3. 使用「問題前導語」

　　回應問題時用「我們來看看還有什麼選項」代替「你怎麼會這樣做」，建立正向引導口吻。

小節總結：穩定，是領導力最被低估的價值

　　真正的領導者，不是永遠走最快的人，而是關鍵時刻穩得住、撐得住、能接得住他人情緒與壓力的人。當你願意把自己當成團隊的穩定器，別人才能放心把問題交給你、把信任交給你，也把行動交給你。穩，是成就強團隊最核心的力量。

第四節　有默契的團隊，是經營出來的

默契不是運氣，是日常累積的成果

很多主管以為「團隊有沒有默契」是靠人品或天時地利，但其實真正高效的默契，是一點一滴經營出來的。它不是靠共識口號，也不是靠一次聚餐，而是來自於每日合作的細節、回饋的節奏、互信的建立與任務處理的習慣。

默契不是感覺，而是機制與節奏。只要主管願意長期投資在溝通模式、合作流程與角色理解上，任何團隊都有機會成為高信任、高效率的默契組合。

案例：從毫無默契到一眼就懂的轉變

一家視覺設計公司，在整併兩組專案團隊後，初期合作處處碰撞：交辦誤會、格式不一、時間掌握落差大。主管一度懷疑：「是不是這群人本來就不合？」

後來他不再要求「要有團隊感」，而是重新檢視流程：建立任務進度共筆、導入週三早會進度預告制、調整每次任務開場都要講清楚「目的、角色、標準」。三個月後，開會時間縮短三分之一、專案交付延遲率下降七成。

設計師私下說：「我們不是變得更會合作，而是更知道怎麼一起工作。」

◇第八章　升得穩，是因為你帶得住：從個人強到整隊強

心理學觀點：默契其實是「集體知覺結構」的展現

組織心理學者提出「共享認知」（Shared Cognition）概念，強調團隊之所以能有默契，是因為彼此對資訊的理解與預測機制愈來愈一致。

換句話說，默契不是情感交流，而是資訊同步的結果。而資訊能否同步，仰賴明確的制度設計與穩定的溝通節奏。

建議圖表：沒有制度支撐的默契 vs. 有意識經營的默契

項目	靠感覺默契	靠制度經營默契
溝通方式	靠個人理解、情緒線索	有固定節奏與明確回饋機制
合作流程	每次重新協調、依情況臨時決定	明確分工與角色理解
任務完成標準	各自定義、互相揣測	前期定義清楚、過程中可追蹤
長期穩定性	易被人員流動打斷	機制穩固，能快速新手融入

延伸案例：默契靠「會前五分鐘」打造

一家 B2B 軟體開發團隊，主管觀察到每次跨部門會議後都還需私下再補充協調。後來他實施一項小調整：每次會議前，主持人必須提前五分鐘說明「這場會議的主要目的是什麼」、「我們希望達成什麼共識」、「大家各自要準備什麼資料」。

這個做法降低了誤解與落差感，參與者開始有一致期待，也更願意主動準備與對焦。該主管說：「默契就是，我們在還沒說之前，就知道彼此要說什麼、要做什麼。」

三種做法，讓默契從感覺變成流程

（1）建立「共同語言詞彙表」：整理常見任務用語的標準定義，避免跨部門認知落差。

（2）設計「任務開場公式」：每個任務開始時，統一說明目標、時間點、角色分工、完成標準。

（3）導入「週期性同步儀式」：如每週進度共識、每月目標檢核、每季角色重整會，讓默契有節奏可依循。

小節總結：默契是你用制度與時間養出來的信任感

好團隊不會天生就有默契，都是靠領導者願意重視每次溝通細節、每次角色釐清、每次目標同步，一步一步累積而來。當你經營出清晰節奏與溝通空間，默契就不再是運氣，而是可複製、可傳承的團隊資產。

◇第八章　升得穩，是因為你帶得住：從個人強到整隊強

第五節　共識是磨出來的，不是說一聲就有

共識不是一場會議達成的，而是一連串對話的累積

在組織裡，「我們要有共識」這句話常被拿來當作壓力語言，好像只要主管說出方向、畫出願景，團隊就應該自動認同並行動。但真實情況是：共識從來不是「講過就有」，而是經過不斷來回、充分理解、多方試探之後，逐步對齊的結果。

共識不只是同意，更是對目標、方法、順序與優先順位的理解一致。它需要花時間澄清，也需要空間討論。主管的任務不是喊出共識，而是營造可以磨出共識的環境。

案例：共識喊很大，結果各做各的

一家食品包裝公司，為因應永續趨勢而導入全廠節能減碳計畫。高層在全員會議中強調：「這是我們的共同目標，全員務必配合。」但兩週後，廠務部門抱怨冷氣太熱，業務部門覺得包材成本上升造成報價壓力，生產管理部門則說節電導致機器效率變差。

主管這才發現：大家都知道要「節能」，但對於「怎麼做、做到什麼程度、影響能不能接受」根本沒有共同理解。

後來他們改變做法：每個部門各自召開小組討論，由一位「共識記錄員」記下各部門的想法與疑慮，再由跨部門代表參與整合會議。最終產出「可接受的節能標準」與「部門彈性調整彈性空間」，才讓共識真正落地。

第五節　共識是磨出來的，不是說一聲就有

心理學觀點：共識是一種「認知對齊」

組織行為學者琳達・普特南（Linda Putnam）指出，共識的本質不是表面同意，而是認知上的對齊（Cognitive Alignment），意即各方對目標的意義、達成方式與角色責任達成理解一致。

主管若跳過理解與參與過程，僅要求一致行動，團隊就容易表面點頭、內心保留，進而產生「行動延遲」與「執行打折」的現象。

建議圖表：喊共識 vs. 磨出共識

項目	喊共識（上對下）	磨出共識（參與式）
共識形成方式	領導人宣告方向	多方對話、反覆澄清與協商
團隊反應	表面點頭、內心觀望	主動參與、提出建議與修正
行動品質	易出現落差與偏差執行	各部門配合度高、落地性強
長期影響	士氣下降、對共識產生懷疑	信任提升、養成溝通文化

延伸案例：用「共識稿」推動內部溝通

一家新創服飾品牌，在內部品牌定位更新時，採用「共識稿測試」方式，每次決策討論完由主持人寫出一頁「共識初稿」，提供全員回應三天，蒐集補充意見與修正方向，再進行第二輪整合。

一開始被質疑太慢、太繁瑣，但半年後公司內部調查發現：新制度導入速度快於過往三倍，成員對決策滿意度也大幅提升。品牌行銷長表

◇第八章　升得穩，是因為你帶得住：從個人強到整隊強

示：「共識不是一次達成的，而是一次次澄清後，大家都說『這不是我理想中的版本，但我可以接受』的結果。」

> 三種做法，把共識從表面口號變成實質對齊

1. 設計「共識初稿流程」

每次重大政策或制度改動後，由核心小組撰寫初稿並開放回饋期，再進行修訂。

2. 設定「共識檢核會」

針對執行中計畫每月一次檢視：大家對目標與進度的理解是否一致，有無需要再澄清。

3. 導入「角色觀點輪替制」

會議中每次指定不同部門角色模擬他人觀點發言，有助跨界理解與共識累積。

> 小節總結：真正的共識，是願意來回對話之後的「我願意」

領導者若只靠一句話要求共識，就容易得到表面服從、實際散沙。真正的共識，是過程多次對話後產生的理解、認同與合作意願。你越願意花時間磨共識，就越容易建立能共進退的團隊文化。

第六節　一致的文化讓人自動對齊目標

文化不是牆上的標語，而是每天做事的方法

組織裡最穩定的動力，從來不是 KPI，也不是制度，而是文化。當文化一致，團隊成員就能在沒有明確指令時自動調整方向、在遇到模糊狀況時做出對齊選擇。文化的力量在於它能「預設選擇」，讓團隊在無需討論的狀況下，自動選擇對組織最有利的行動。

真正強大的文化，不是寫在員工手冊裡，而是活在開會方式、任務分配、衝突處理、人才培育的每一個細節中。主管要做的，不是宣傳文化，而是用行為活出文化。

案例：說重視創新，但流程全在卡人

一間智慧製造設備公司，對外主打「創新導向文化」，但內部流程繁瑣、權限集中，導致每次新提案都需要三層審核，甚至連試做小案都要高層核准。

一位工程師提過的四個創新案中有三案石沉大海，最終離職前留下「公司說重視創新，但其實只容許照流程做的創新」。

主管痛定思痛，改變做法：取消小額試做專案的核准流程，設計「創新通道」，讓員工在符合風險上限的前提下可自由嘗試，並成立「創新週報」制度，讓所有嘗試過的實驗都被記錄與討論。文化從說說而已，變成真的能被經營。

◇第八章　升得穩，是因為你帶得住：從個人強到整隊強

心理學觀點：文化是一種預設的認知框架

根據行為經濟學家提出的「預設效應」理論（Default Effect），人在面對不確定選擇時，最可能採取的是組織或環境預設的行為路徑。

文化，正是這種潛藏的預設框架。它讓成員在沒有主管在場時，也知道該怎麼判斷、該怎麼選擇。當文化一致，組織就能節省大量的協調成本與溝通時間。

建議圖表：文化一致 vs. 文化模糊的組織表現對比

項目	文化一致	文化模糊
行動對齊度	高，無需過多指令就能自動對齊	低，常出現重工與方向混亂
團隊合作	流暢，能預判彼此處理方式	摩擦大，常需補溝通
決策效率	高，能快速反應與行動	慢，常陷入反覆確認與疑慮
組織彈性	強，可因應變化但維持核心價值	弱，遇變局時難以統一步伐

延伸案例：把文化變成行為，就會自動對齊

一家科技服務公司，決定導入「客戶導向文化」。初期只是標語與培訓，成效有限。後來他們改從三件小事著手：

- 客訴回覆時間從 48 小時改為 24 小時內初步回應；
- 每月選出一位「客戶回饋英雄」，分享處理案例；
- 各部門月會需提出一項「主動改善顧客體驗」提案。

第六節　一致的文化讓人自動對齊目標

半年後，團隊回報系統問題處理時間下降 27%，NPS（顧客淨推薦值）上升 8 點。執行長說：「文化不是你說相信什麼，而是你每天花時間與資源在什麼上面。」

三種做法，讓文化成為自動對齊的力量

1. 建立「行為化的文化指標」

例如「我們重視合作」不只是口號，而是具體標準如「三日內回應跨部門合作邀請」等可觀察行為。

2. 設計「文化觀察日誌」

讓主管與成員記錄每週觀察到哪些行為符合或偏離文化價值，定期討論調整。

3. 導入「文化對話儀式」

如每月文化對齊日，由團隊輪流說明一件文化被活出來的具體事件。

小節總結：文化一致，是組織最強的自動導航系統

當一個團隊的文化能具體落實在行為中，就能在沒有主管指令的情況下，自主做出一致的選擇。文化不是說說的價值觀，而是你每天做的選擇。當這些選擇能夠一致，你就擁有了一支能在變動中保持方向的團隊。

◇第八章　升得穩，是因為你帶得住：從個人強到整隊強

第七節　新人怎麼被帶，會影響整個風氣

第一個月不是在教工作，而是在塑造組織觀

一個新人剛加入組織時，他不是立刻學會工作技巧，而是在觀察組織怎麼對待人、怎麼溝通、怎麼處理錯誤與回饋。他們會在短時間內從主管與同事的言行中，推論「這裡怎麼做事、怎麼做人」，這些經驗將成為他們行為的參照模型。

換句話說，新人怎麼被帶，不只是影響個人表現，更會反映並形塑整個組織文化。新進同仁的「初始接收模式」會決定他們長期的溝通方式、學習態度、回應壓力的樣貌。

案例：新人沉默，組織就漸漸噤聲

一家連鎖食品製造企業，在疫情期間快速擴編。由於時間緊迫，許多新進員工只受過基礎操作訓練就直接上線。因為不熟流程與角色，新人時常出錯，但資深員工普遍冷處理、主管則強調「趕進度優先」，導致新人不敢問問題、不敢求助。

幾個月後，整個產線出錯率居高不下，最終發現源頭竟是原料標示環節的新人操作錯誤，而問題一開始就可以透過一次提問解決。廠長後來坦承：「不是他們做不好，是我們沒讓他們知道可以問、應該問。」

為改善狀況，他們設立了「新人教練制」，每位新進同仁配對一位半年以上資歷的夥伴，前兩週內固定每日 check-in、每週雙向回饋，三個月後整體錯誤率下降四成以上。

心理學觀點：初始學習決定行為模型

根據心理學家班度拉（Albert Bandura）的社會學習理論，人們透過觀察他人行為與結果來學習。新人成長初期，最容易內化的不是制度，而是「看到別人怎麼做」與「別人怎麼對待我」。

這也意味著，一個新人剛進來時主管怎麼說話、同事怎麼回應、制度是否回應實際問題，會深刻影響其後的信任感、主動性與忠誠度。

建議圖表：良好迎新 vs. 忽略迎新的組織影響

項目	良好迎新	忽略迎新
新人提問意願	高，主動探索	低，避免暴露不足
成長速度	穩定加速	缺乏方向，重複試錯
風氣塑造	建立信任、鼓勵互助	形成封閉、責備與冷漠
留任率	高，建立正向連結	低，無歸屬感與認同感

延伸案例：新人的反應決定老員工的角色感

一家機構設計顧問公司在每位新人進組時，會公開指派一位「部門導師」，但要求該導師不只教工作，而是每週和新人討論一次「工作之外的觀察」——例如：主管怎麼處理爭議？部門內怎麼回饋？開會怎麼表達不同意見？

這些問題讓新人成為文化觀察者，也讓資深員工在帶新人時，重新

◇第八章　升得穩，是因為你帶得住：從個人強到整隊強

反思自己的角色與影響力。制度推行一年後，內部調查顯示：參與帶領新人的員工，對部門歸屬感提升兩成，且更樂意主動承接跨部門任務。

三種做法，讓迎新變成風氣養成的起點

1. 設計「新人文化日記」

讓新人每週寫下觀察到的文化行為與感受，並設有固定討論時間。

2. 建立「迎新對話流程圖」

針對不同階段（第一天、第一週、第一月）設計具體提問與引導句，例如：「這週最困難的是什麼？有沒有想問但不敢問的？」

3. 導入「夥伴制度」

新人成為「文化觀察者」，資深員工則成為「文化傳遞者」，透過定期雙向討論，讓組織價值觀自然內化。

小節總結：怎麼帶新人，就是怎麼經營未來的團隊文化

新人的出現，是一次文化反思與更新的機會。主管與團隊若能用心設計迎新過程，就能同時完成兩件事：讓新人更快進入角色，也讓老員工重新看見自己在文化裡的責任。迎新，不只是流程，而是一場文化的接力。

第八節
行為標準不寫在牆上，要落實在做事方式裡

寫出來的標語，不如做出來的習慣

許多組織會在牆上掛滿價值觀標語，強調什麼「誠信為本」、「效率優先」、「團隊合作」，但員工真正感受到的，卻是主管不回應、部門扯後腿、每次開會氣氛緊張。這些脫節，就是文化落差的來源。

行為標準若停留在文字層面，只會變成象徵或口號。唯有當主管以行動示範、制度設計配套、團隊共同驗證，這些標準才會變成日常的做事方式，真正被內化並維持。

案例：牆上寫「誠信」，但實際默許造假

一間北部連鎖藥妝通路企業，在辦公室各樓層皆張貼「誠信、尊重、效率」三大核心信條。然而在一次促銷活動的業績競賽中，某區經理帶領門市刷假單衝量，總部雖然知情，卻因該區業績突出而未處置。

消息在內部傳開後，多數員工開始質疑公司標準的真實性。後續調查中發現，超過六成員工認為「那些標語與實際管理完全無關」。

事後，公司進行制度改造，不僅追溯並懲處造假事件，更公開導入「價值違背舉報機制」，並安排高階主管巡迴舉辦「行為標準行動日」，由主管親自說明如何在具體任務中實踐價值觀。三個月後，員工內部評價與信任感顯著回升。

◇第八章　升得穩，是因為你帶得住：從個人強到整隊強

心理學觀點：從「認知一致性」建立行為動力

心理學家里昂・費斯汀格（Leon Festinger）提出的「認知失調理論」指出，當一個人的信念與行為不一致時，會產生心理不適，進而傾向調整信念或行為以恢復一致。

當組織的標語與日常行為脫節時，員工會逐漸削弱對標準的信任與認同。相反地，當言行一致，且主管率先實踐，團隊就會更願意主動遵守與擴散標準，形成行為一致的文化氛圍。

建議圖表：標語文化 vs. 行為文化

項目	標語文化	行為文化
標準來源	標語宣傳	行為示範
員工反應	漠視、懷疑	模仿、強化
制度設計	缺乏對應制度與追蹤	有明確配套與回饋機制
組織信任感	低，認為管理說一套做一套	高，感受到一致與承諾

延伸案例：讓「標準」從說出來變成做出來

一家工業製造公司，在員工行為管理上始終困擾於「說了但做不到」。主管們常反映：「我們的標準大家都知道，但做不到。」後來，他們嘗試改變做法，不再單靠口頭宣導，而是導入「標準對話卡片」制度。

每次專案啟動會議前，主管需與團隊逐一確認五項行為標準，例如「回應時間不得超過 24 小時」、「不同意見需公開提出，不可背後抱怨」。專案結束後則由成員匿名評分執行情形。這樣的回饋制度使得標準不再

第八節　行為標準不寫在牆上，要落實在做事方式裡

抽象，而是具體可對話的內容。

半年內，公司內部跨部門合作滿意度提升22%，且主管執行力評價同步提升。

三種做法，讓行為標準內化成工作日常

1. 建立「行為對應表」

將價值觀條列轉換成具體行為描述，例如「誠信」對應為「不誇大、不隱瞞錯誤」等。

2. 設計「任務前對標流程」

每個任務啟動前，由主管與成員共識當次需強調的行為標準項目。

3. 導入「標準落實回饋板」

每季邀請成員匿名回饋主管與團隊行為是否符合文化標準，作為檢討與對話基礎。

小節總結：行為標準，是文化落地的鑰匙

一個組織若希望文化被看見、被相信，就必須讓行為標準從標語走入日常。主管以身作則、制度設計對應、成員能參與修正與監督，這三者缺一不可。當你能讓每一項標準都變成可見、可討論、可複製的做事方法，文化就不再只是牆上的字，而是行動裡的價值。

◇第八章　升得穩，是因為你帶得住：從個人強到整隊強

第九節　每天的選擇形塑團隊的模樣

組織文化不是開會喊出來的，是日常小選擇堆出來的

組織長什麼樣子，不是主管說了算，也不是員工想怎麼做就怎麼做，而是每天成員在大大小小的選擇中，慢慢「被形塑出來」的。從開會準不準時、能不能說真話、看到錯誤選擇指出還是繞開，這些微小的選擇與回應，決定了團隊最終的樣貌。

你選擇容忍還是指出，你選擇傾聽還是否決，你選擇說出標準還是放任含糊——這些都會在團隊裡複製與傳染，逐漸形成可預期的反應與行為模式。也因此，文化不是講出來的，而是每天選出來的。

案例：一封信改變整個團隊的默認行為

某文創品牌的專案團隊，長期存在開會遲到與任務延期問題，主管雖不滿意，但總覺得「小事不值得爭」，選擇沉默。一位新進企劃某天寄信提問：「我們是不是有開會可以遲到的默認文化？」

這封信讓主管醒悟：正是自己不斷選擇迴避與包容，才讓「遲到沒差」變成團隊習慣。隔日，他發出團隊信件，坦承過去的放任錯誤，並宣告從下週起實施「五分鐘前入場」制度、持續三週自動提醒機制，並設立一個匿名回饋表讓成員反映觀察。

三個月後，開會準時率提升至95%以上，且團隊自動在任務上同步進度，不再需要督促。主管說：「那不是一套制度生效，而是我開始做出不一樣的選擇。」

心理學觀點：從選擇行為到社會規範內化

根據行為心理學家羅伯特・席爾迪尼（Robert Cialdini）關於社會規範的理論指出，人的行為會受到「可觀察的常態選擇」影響，也就是我們會做別人正在做的事、認為應該做的事。

當主管在日常選擇中展現一致性與原則，團隊就會以此作為行為的參考點。相反，若主管的標準時高時低、選擇無法預期，團隊就容易出現分裂或敷衍應對。

建議圖表：日常選擇對團隊文化的累積效應

項目	放任選擇	原則選擇
開會時間	延遲變常態	順時與預期行為一致
錯誤處理	迴避與包容	面對與引導
溝通回應	有話私下說	開放透明討論
任務分工	只看誰比較閒	根據角色責任清晰分配

延伸案例：日常小行為改變整體工作節奏

一間數位設計公司，在導入遠距制度後，出現溝通混亂、訊息回應延遲問題。一開始主管只要求「盡快回應」，但大家對「盡快」定義不同。

後來他們改為具體規則：「Slack 訊息回應 12 小時內完成、緊急標記紅色、每日早上 10 點前回覆待處理事項。」這個小小規則雖然簡單，但

◇第八章　升得穩，是因為你帶得住：從個人強到整隊強

明確定義了日常的選擇邏輯。

半年後，團隊回應效率提高，遠距工作滿意度與交付率同步上升。主管說：「我們不是變厲害，而是我們都做了一點點更一致的選擇。」

三種做法，讓日常選擇成為文化的穩定力量

1. 設計「選擇回顧時段」

每週五由主管與團隊共同討論這週做過哪些選擇是好的，哪些需要調整。

2. 建立「選擇參照表」

列出團隊常見模糊行為的「理想選擇建議」，例如遇到延遲該怎麼處理、跨部門如何回應。

3. 導入「選擇迴響板」

讓每個人都能匿名記下看到的正向選擇行為，累積一定數量可作為獎勵依據。

小節總結：文化，不是一次定下的，而是每天選擇出來的

每個團隊的樣貌，其實就是主管與成員共同選擇的總和。你選擇怎麼說、怎麼做、怎麼回應，就是你正在為團隊定義什麼叫正常。當每天的選擇能對齊價值觀，文化就自然會長成你希望的樣子。

第十節　遇到低潮時，領導者怎麼做最關鍵

團隊低潮是常態，關鍵在於你怎麼帶他們走過去

每個團隊都有高峰，也有低潮。可能是案量下滑、績效不如預期、關鍵成員離職，或是連續幾次失誤打擊士氣。這些時刻，成員的情緒會變得脆弱、信心動搖，甚至質疑自己還有沒有價值。

在這樣的時候，領導者的反應比任何策略都更重要。你的一句話、一個行為、一種表情，都會被放大解讀。因為在低潮時，團隊最想知道的不是「錯在哪」，而是「我們還能不能再試一次？」

案例：不只是打氣，而是讓大家重新站得起來

一家創意行銷公司，因客戶突然撤案，導致年度業績瞬間掉了兩成，原定提案專案被迫取消，團隊士氣低迷。主管沒有馬上召開危機檢討會，而是邀請所有人參加一場「失敗晚餐會」，請每個人帶一個過去專案中最遺憾的故事。

活動當中，每個人一邊吃飯一邊說出心裡的痛與不甘，最後由主管說出一句：「這些事情，讓我們變成現在的我們。」隔週起，他主動安排小型創意實驗計畫，讓每個人能帶一個小案子走過一次成就的路。

三個月後，公司不但接下新類型的專案，更重新贏回失去的信心。主管說：「不是靠加班解決的，而是靠讓大家重新相信自己。」

◇第八章　升得穩，是因為你帶得住：從個人強到整隊強

心理學觀點：心理資本與領導共情

組織行為學家盧坦斯（Fred Luthans）提出「心理資本」理論，包含希望、樂觀、韌性與自我效能四個核心構面。而在低潮時，主管若能展現「情緒接住」與「共情引導」的能力，將成為啟動團隊心理資本的關鍵。

具備同理能力的領導人，能先與團隊站在情緒同一側，再帶領大家走向行動面。這樣的連結，才能真正讓人從失落中重啟信念，而非只是表面的激勵語言。

建議圖表：低潮時不同領導方式對團隊反應的影響

項目	忽略或施壓型領導	共情與引導型領導
團隊情緒反應	被壓抑、無效感提升	被理解、穩定與願意重建
行動動機	逃避責任、推卸風險	願意嘗試、共同承擔
長期影響	士氣低落、流動率升高	凝聚力增強、挑戰承受力提升
領導者形象	無感或壓迫	支撐與信任感來源

延伸案例：低潮中誠實回應，才有後來的高峰

一家系統整合公司，在一次國際標案落選後，主管在全員會議中公開承認：「這次我判斷錯誤，策略選擇沒有抓到重點。」他沒有責怪任何人，也沒有要求補救性加班，而是邀請核心團隊討論「如果再來一次，我們想怎麼打這場仗」。

會議沒有責難，只有學習與模擬。兩個月後，他們再次出擊，成功

拿下另一場更大規模的標案。主管後來說：「不是我厲害，而是他們在低潮的時候還願意信任我。」

三種做法，讓團隊低潮成為再起的助力

1. 開啟「情緒接住會議」

當重大挫敗發生時，先舉行一場專注於表達情緒的非策略會議，讓大家先有被聽見與被看見的空間。

2. 設計「小勝任務推進器」

在低潮期設計一系列小型、可見成效的任務，讓團隊能在短期內累積信心與掌控感。

3. 導入「再試一次回顧卡」

每一次挫敗事件後，由成員填寫「如果再一次，我會怎麼做不同」作為未來專案的參考與修正依據。

小節總結：低潮時，你怎麼做，團隊就怎麼記得你

成功時每個人都會跟著你走，但低潮時能不能讓人願意留下、再試一次，才是領導力的真功夫。你若能在最難的時候接住情緒、帶出希望、創造重啟的空間，那麼你帶出的不只是團隊，而是一群能在風暴裡依然選擇相信的人。

◇第八章　升得穩，是因為你帶得住：從個人強到整隊強

第十一節　成果再好，也要記得慶功

慶功不只是開心，而是確認努力被看見

在忙碌的工作節奏中，很多主管習慣完成專案就趕快轉向下一件任務，但卻忽略了「停下來慶功」這件事的重要性。事實上，成果若沒有被好好標記與慶祝，團隊就會漸漸失去前進的情感動力。

慶功不只是為了氣氛，而是為了讓努力的過程被看見、讓辛苦的成果有出口、讓團隊知道「你們做到了，也值得被肯定」。這不只是情緒管理，更是團隊記憶的養成。

案例：連續交付卻悄悄掉隊的設計團隊

一家產品設計公司，連續兩季專案交付準時且獲得客戶高評價。但主管因為進度吃緊，專案結束便立即安排新任務，沒有任何形式的慶祝。

三個月後，團隊成員出現疲乏與缺乏成就感的情緒，甚至有兩位資深成員主動提出轉調。他們坦言：「不是不想做，而是感覺做完了什麼都沒有發生。」

主管深受觸動，立即改變做法：建立「成果見證儀式」，每次專案結束後由執行團隊分享三件最有挑戰的事、兩個過程中突破點、一件成員表現最亮眼的行為。並同步邀請相關部門參與、發送簡單表揚信與小禮物。

半年內，團隊的任務滿意度與內部合作率同步提升。主管說：「不是辦活動，而是讓大家知道自己是有痕跡的。」

第十一節　成果再好，也要記得慶功

心理學觀點：強化動機的「正向強化迴路」

根據行為心理學家史金納（B. F. Skinner）的操作制約理論，當行為後有明確正向回饋（如稱讚、獎勵、認可），行為出現的機率將大幅提升。

慶功，就是一種「社會性強化」。它不是犒賞，而是給團隊一個「我們被重視、我們的行動有意義」的心理連結。特別是當慶功對焦在過程貢獻與合作表現時，更能讓正確行為被複製、擴散。

建議圖表：沒有慶功 vs. 有系統慶功的團隊差異

項目	沒有慶功	有系統慶功
成員動機	降低，感受不到成就節點	提升，有清楚的努力回饋
團隊連結	疏離，缺乏共同記憶與儀式感	緊密，強化信任與合作意願
行為強化	淡化，無法引導下一次再現	清晰，形成正向再現機制
主管信任	疑慮，覺得主管只在意結果	穩定，認為主管重視過程與人

延伸案例：儀式化慶功，累積文化記憶

一家社群平臺開發新創公司，實施一項名為「階段成就儀式」的制度。每完成一個版本開發，不論大小，皆由開發團隊主持一場簡短慶功活動，包括三個環節：「最驚險時刻分享」、「他救了我感謝牆」、「下一次我們可以更快的提議卡」。

◇第八章　升得穩，是因為你帶得住：從個人強到整隊強

這些活動不只讓團隊紓壓，更形塑出高度正向的失敗學習氛圍與跨部門信任基礎。團隊成員說：「有被看見的努力才會記得，才會想再多做一次。」

三種做法，讓慶功變成制度化動能養分

1. 設計「結案感謝流程表」

每個專案結束後填寫，包含感謝名單、關鍵貢獻、應學經驗，並張貼在部門通報欄。

2. 建立「慶功角色輪替制度」

每次慶功由不同人主導設計活動內容，鼓勵創意與參與。

3. 導入「非物質獎賞清單」

如客製化稱號、主管公開致謝、推薦參加外部進修等，使肯定更具溫度與深度。

小節總結：慶祝，是對努力最真實的回應

不要讓團隊覺得「再多的努力也只是交差」，你需要讓他們知道「這件事，因為你們，真的不一樣」。當你願意停下腳步為成果喝采，不只是情緒釋放，更是一種讓正向循環得以延續的智慧。

第十二節　能一直帶出人，就是最強的升遷力

升得快的人很多，能帶出人才走得遠

升遷，不只是個人成果的證明，更是組織信任你能「帶出更多人」的肯定。會做的人不難找，但能讓別人也會做、甚至做得比自己更好的人，才是升遷最關鍵的資產。

主管能不能升得穩、升得久，不看他自己能完成多少，而是看他能不能培育出一群能獨當一面的人。如果每一次升遷都只靠個人戰力，最終就會遇到成長天花板；但若能打造一條不斷複製能力的成長梯隊，那你帶出來的人，就是你最強的升遷證明。

案例：能做事的主管升上去了，結果團隊跟不上

一間資料分析顧問公司，曾有一位資深分析師升任為部門主管。他個人執行能力極強，客戶滿意度高，但升任後仍堅持自己接案、跑模型、提簡報，認為「這樣比較保險」。

結果不到半年，團隊內其他成員因學不到技能而產生倦怠，離職率升高，新人上手更慢。高層發現雖然部門產出穩定，但沒有可接替的人才梯隊。

後來主管調整策略，建立「影子計畫」，讓每位資深成員帶一位新手共走一個案子，並設有週期性能力轉移目標。結果半年內三位新手成為獨立執案人員，團隊戰力也更加穩固。他說：「原來升遷不是要證明我可以，而是我能讓別人也做得到。」

◇第八章　升得穩，是因為你帶得住：從個人強到整隊強

心理學觀點：轉移型領導激發人力資本再生

根據領導專家伯恩斯（James MacGregor Burns）與巴薩（Bernard M. Bass）提出的轉移型領導（Transformational Leadership）理論，真正有效的領導是透過激發願景、個別關懷與智識啟發來讓成員內化成長動機。

升遷後若只是擴張控制範圍，而非擴大成員能力與責任，最終會讓組織依賴個人，反而削弱長遠成長潛力。轉移型領導者不光要確保任務完成，最重要的是讓人變得更強。

建議圖表：個人升遷力 vs. 帶人升遷力

項目	個人升遷力	帶人升遷力
升遷依據	自己績效、個人能量	團隊成長、接班梯隊完整
成就方式	親自完成任務	複製能力、建立體系
影響範圍	框限於自己能管的範圍	可拓展為跨團隊的文化與制度
長期穩定度	高風險，容易因依賴個人波動	穩健，團隊可自我運作與承接挑戰

延伸案例：升得快，也帶得出人的領導典範

一間電子製造設備業者，一位40歲不到的副總，從基層工程師升起，五年間三度晉升。他的關鍵策略，是每當升任新職，第一件事就是選出「可培養接任者」，設計對應的訓練計畫與行動任務。

例如擔任產線主管時，他會將一半例行管理任務交給副手處理，每週共同檢討；擔任研發主管時，則設計「錯誤圖譜分享會」，讓年輕工程師能學到實戰經驗並被看到。

如今他旗下三位主管都是他培養起來的，執行長曾公開表示：「他不是自己一個人升得快，而是讓整個團隊跟著他一起進步。」

三種做法，打造能帶出人的升遷軌道

1. 設計「可接替人才計畫」

每位主管每年需提出兩位以上具備晉升潛力的培養對象與訓練藍圖。

2. 建立「任務移轉指標表」

列出每一職位的核心能力與任務項目，設計能力轉移進度追蹤與對應任務輪替。

3. 導入「升遷者教練任務」

每位升遷主管需完成一次「教練式領導挑戰案」，由新主管帶領一位接班候選人完成任務專案。

小節總結：升得好，不是站在最高，而是讓人跟得上來

真正有力的升遷，不是靠自己拚命，而是靠帶出來的人撐住你的位置。當你能在每一次成長中，都有人能接得上、撐得起、繼續往前，那麼你不只是升遷了，而是讓整個組織往上爬。你升的不是位子，而是整隊的未來。

不是你升得不夠快，是你不懂職場江湖：

八大領導關鍵 × 十二種實戰場景，破解你最常卡住的帶人盲點

作　　　者：	躍升智才
發　行　人：	黃振庭
出　版　者：	財經錢線文化事業有限公司
發　行　者：	崧燁文化事業有限公司
E-mail：	sonbookservice@gmail.com
粉　絲　頁：	https://www.facebook.com/sonbookss
網　　　址：	https://sonbook.net/
地　　　址：	台北市中正區重慶南路一段61號8樓 8F., No.61, Sec. 1, Chongqing S. Rd., Zhongzheng Dist., Taipei City 100, Taiwan
電　　　話：	(02)2370-3310
傳　　　真：	(02)2388-1990
印　　　刷：	京峯數位服務有限公司
律師顧問：	廣華律師事務所 張珮琦律師

國家圖書館出版品預行編目資料

不是你升得不夠快，是你不懂職場江湖：八大領導關鍵 × 十二種實戰場景，破解你最常卡住的帶人盲點 / 躍升智才 著 . -- 第一版 . -- 臺北市：財經錢線文化事業有限公司，2025.08
面；　公分
POD 版
ISBN 978-626-408-335-5(平裝)
1.CST: 管理者 2.CST: 組織管理 3.CST: 職場成功法
494.2　　　　　114010258

-版權聲明-

本書作者使用 AI 協作，若有其他相關權利及授權需求請與本公司聯繫。
未經書面許可，不得複製、發行。

定　　價：375 元
發行日期：2025 年 08 月第一版
◎本書以 POD 印製

電子書購買

爽讀 APP　　　臉書